中国地质调查"DD20160064""DD20160060"项目资助

特殊地质地貌区填图方法指南丛书

中国南方强风化层覆盖区 1∶50000 填图方法指南

卜建军 吴 俊 邓 飞 等 著

U0209912

科 学 出 版 社

北 京

内 容 简 介

　　本书是在国家经济社会发展对矿产资源状况调查、地质灾害评价、生态环境保护、关键地质问题解决等提出更高要求的前提下，基于试点项目成果编写而成。本书内容分为两部分：第一部分结合中国南方强风化层覆盖区的基本地貌地质特征，简要介绍了强风化区 1 ∶ 50000 填图的目标任务、调查内容、技术路线和技术方法、精度要求等，详细介绍了遥感、地球物理、地球化学、钻探等方法在强风化区填图过程中的应用及效果，总结了地质调查中有效的技术方法组合；第二部分介绍了试点项目的基本情况，并依据有效技术方法组合对工作区的基岩和风化层开展了多方法的地质填图工作，探索了基岩风化规律和强风化区地质图的图面表达形式，可为类似强风化区的填图工作提供借鉴。

　　本书可供在中国南方热带亚热带地区从事区域地质、矿产地质、环境地质、灾害地质等相关工作的专业人员参考。

审图号：GS（2020）1377号

图书在版编目（CIP）数据

中国南方强风化层覆盖区1∶50000填图方法指南 / 卜建军等著 . — 北京：科学出版社，2021.2

（特殊地质地貌区填图方法指南丛书）

ISBN 978-7-03-067763-1

Ⅰ．①中⋯　Ⅱ．①卜⋯　Ⅲ．①风化层—地质填图—中国—指南　Ⅳ．① P623.7-62

中国版本图书馆 CIP 数据核字（2020）第 263994 号

责任编辑：王　运 / 责任校对：张小霞
责任印制：吴兆东 / 封面设计：铭轩堂

科 学 出 版 社 出版

北京东黄城根北街16号
邮政编码：100717

http：//www.sciencep.com

北京建宏印刷有限公司 印刷
科学出版社发行　各地新华书店经销

*

2021年2月第 一 版　　开本：787×1092　1/16
2021年2月第一次印刷　　印张：10 3/4
字数：255 000

定价：139.00元
（如有印装质量问题，我社负责调换）

本书作者名单

卜建军　吴　俊　邓　飞
贾小辉　谢国刚　孙万财
陈　松　王红才

《特殊地质地貌区填图方法指南丛书》
指导委员会

丛　书　序

目前，我国已基本完成陆域可测地区 1 : 20 万、1 : 25 万区域地质调查、重要经济区和成矿带 1 : 50000 区域地质调查，形成了一套完整的地质填图技术标准规范，为推进区域地质调查工作做出了历史性贡献。近年来，地质调查工作由传统的供给驱动型转变为需求驱动型，地质找矿、灾害防治、环境保护、工程建设等专业领域对地质填图成果的服务能力提出了新的要求。但是，利用传统的填图方法或借助传统交通工具难以开展地质调查的特殊地质地貌区（森林草原、戈壁荒漠、湿地沼泽、黄土覆盖区、新构造 – 活动构造发育区、岩溶区、高山峡谷、海岸带等）是矿产资源富集、自然环境脆弱、科学问题交汇、经济活动活跃的地区，调查研究程度相对较低，不能完全满足经济社会发展和生态文明建设的迫切需求。因此，在我国经济新常态下，区域地质调查领域、方式和方法的转变，正成为地质行业一项迫在眉睫的任务；同时，提高地质填图成果多尺度、多层次和多目标的服务能力，也是现代地质调查工作支撑服务国家重大发展战略和自然资源中心工作的必然要求。

在中国地质调查局基础调查部指导下，经过一年多的研究论证和精心部署，"特殊地区地质填图工程"于 2014 年正式启动，由中国地质科学院地质力学研究所组织实施。该工程的目标是本着精准服务的新理念、新职责、新目标，聚焦国家重大需求，革新区调填图思路，拓展我国区域地质调查领域；按照需求导向、目标导向，针对不同类型特殊地质地貌区的基本特征和分布区域，围绕国家重要能源资源接替基地、丝绸之路经济带、东部T 型经济带（沿海经济带和长江经济带）等重大战略，在不同类型的特殊地区进行 1 : 50000 地质填图试点，统筹部署地质调查工作，融合多学科、多手段，探索不同类型特殊地质地貌区填图技术方法，逐渐形成适合不同类型特殊地质地貌区的填图工作指南与规范，引领我国区域地质调查工作由基岩裸露区向特殊地质地貌区转移，创新地质填图成果表达方式，探讨形成面对多目标的服务成果。该工程一方面在工作内容和服务对象上进行深度调整，从解决国家重大资源环境科学问题出发，加强资源、环境、重要经济区等综合地质调查，注重人类活动与地球系统之间的相互作用和相互影响，积极拓展服务领域；另一方面，全方位地融合现代科技手段，探索地质调查新模式，创新成果表达内容和方式，提高服务的质量和效率。

工程所设各试点项目由中国地质调查局大区地质调查中心、研究所及高等院校承担，经过 4 年的艰苦努力，特殊地区地质填图工程下设项目如期完成预设目标任务。在项目执行过程中同时开展多项中外合作填图项目，充分借鉴国外经验，探索出一套符合我国地质背景的特殊地区填图方法，促进填图质量稳步提升。《特殊地质地貌区填图方法指南丛书》是经全国相关领域著名专家和编辑委员会反复讨论和修改，在各试点项目调查和研究成果的基础上编写而成。丛书分 10 册，内容包括戈壁荒漠覆盖区、长三角平原区、高山峡谷区、森林沼泽覆盖区、京津冀山前冲洪积平原区、南方强风化层覆盖区、岩溶区、黄土覆盖区、活动构造发育区等不同类型特殊地质地貌区 1∶50000 填图方法指南及特殊地质地貌区填图技术方法指南。每个分册主要阐述了在这种地质地貌区开展 1∶50000 地质填图的目标任务、工作流程、技术路线、技术方法及填图实践成果等，旨在形成一套特殊地质地貌区区域地质调查技术标准规范和填图技术方法体系。

　　这套丛书是在中国地质调查局基础调查部领导下，由中国地质科学院地质力学研究所组织实施，中国地质调查局有关直属单位、高等院校、地方地质调查机构的地调、科研与教学人员花费几年艰苦努力、探索总结完成的，对今后一段时间我国基础地质调查工作具有重要的指导意义和参考价值。在此，我向所有为这套丛书付出心血的人员表示衷心的祝贺！

李廷栋

2018 年 6 月 20 日

前　　言

21世纪以来，我国经济社会的发展对资源环境调查提出了新的要求，作为地质基础的区域地质调查工作也处于一个新的重要转型阶段。其服务对象由矿产资源转变为包括矿产资源在内的自然资源；研究对象由地表岩石圈转变为包括岩石圈、水圈、大气圈和生物圈等多圈层的相互作用和协同演化；工作重点由注重重要成矿带等地区向同时注重重要经济区、重要生态区、重要流域和重大工程区转变；地质调查范围从基岩出露区向各类覆盖区扩展。

在此背景下，中国地质调查局于2014年启动了"特殊地区地质填图工程"，由中国地质科学院地质力学研究所组织实施。中国南方强风化层覆盖区是特殊地质地貌类型之一，在我国东南部热带亚热带地区广泛分布，其社会经济发达，矿产资源丰富，人口密集，地质灾害频发。因此，开展强风化区的地质调查研究，不仅要了解风化层下伏基岩的岩性特征和时代，为解决重大基础地质问题提供基础数据；还要研究风化作用的过程及规律，进而探索岩石圈、水圈、大气圈、生物圈等地表地质过程，探索成矿机制和地质环境变化趋势；同时为重大工程建设、岩石风化的预防及处理、地质灾害防治提供基础地质支撑。

本指南是中国地质调查局"特殊地区地质填图工程"所属"特殊地质地貌区填图试点（DD20160060）"的项目成果之一。工程与项目均由中国地质科学院地质力学研究所组织实施。工程首席为胡健民研究员，副首席为李振宏副研究员；项目负责人为胡健民研究员，副负责人为陈虹副研究员。在"特殊地质地貌区填图试点"二级项目的统一部署下，设立了"广东1∶5万筋竹圩（F49E007014）、连滩镇（F49E007015）、泗纶圩（F49E008014）、罗定县（F49E008015）幅强烈风化区填图试点"子项目，开展中国南方强风化区填图试点。该子项目由中国地质调查局武汉地质调查中心和广东省佛山地质局联合承担。项目周期2014～2016年，2014～2015年隶属"特殊地区地质填图工程"，2016年划归"扬子陆块及周缘地质矿产调查工程"下设"南岭成矿带中西段地质矿产调查"二级项目管理。本指南是在本项目强风化区填图实践并参考其他相关强风化区地质填图成果的基础上编写而成。

在本指南编写过程中，中国地质调查局基础部、中国地质科学院地质力学研究所、中国地质科学院地球物理地球化学勘查研究所、中国地质调查局北京探矿工程研究所、中国地质调查局武汉地质调查中心、广东省佛山地质局给予了大力支持和帮助。中国地质科学院地质力学研究所胡健民研究员、李振宏副研究员、梁霞副研究员、陈虹副研究员，中国地质大学（武汉）王国灿教授、张克信教授，中国地质调查局发展研究中心李仰春研究员，中国地质科学院地球物理地球化学勘查研究所喻劲松教授级高级工程师，中国地质调查局西安地质调查中心李荣社教授级高级工程师，中国地质调查局南京地质调查中心的张彦杰研究员，中国地质调查局武汉地质调查中心徐德明研究员、付建明研究员、魏运许教授级高级工程师、王令占高级工程师等提出了许多宝贵意见和建议。项目组人员克服了时间紧任务重的多重困难，积极调研国内外有关覆盖区地质调查研究现状，结合我国强风化区的地质实际进行广泛的素材收集，通过填图技术与方法的不断总结，最后形成本指南。在此，对给予指导和帮助的有关单位、领导、专家和参与本项目的全体人员表示衷心感谢！

　　本书包括两个部分：第一部分是中国南方强风化层覆盖区 1： 50000 填图技术方法，分为五章；第二部分为广东 1： 5 万筋竹圩、连滩镇、泗纶圩、罗定县幅强烈风化区填图实践，分为四章。本书第一章由卜建军、吴俊、邓飞、贾小辉编写，第二章由卜建军、吴俊、邓飞编写，第三章、第四章由吴俊、卜建军编写，第五章由卜建军编写，第六章由卜建军、吴俊、邓飞编写，第七章由吴俊、卜建军、邓飞、谢国刚、陈松、王红才编写，第八章由邓飞、贾小辉、孙万财编写，第九章由卜建军、吴俊、邓飞编写，全书由卜建军、吴俊统稿并定稿。

　　尽管本指南试图总结强风化区的主要特征，但由于试点项目的工作地域所限，难以窥整个强风化区之全貌，加之指南编写的时间较仓促及水平有限，不足之处敬请批评指正。

目　　录

第二部分　广东 1 ∶ 5 万筋竹圩、连滩镇、泗纶圩、罗定县幅强烈风化区填图实践

第一部分　中国南方强风化层覆盖区 1：50000 填图技术方法

第一章　绪　　论

第一节　强风化区相关术语与基本特征

一、强风化区的相关术语

强风化区：是指近地表岩石在化学风化作用控制下，在基岩上部形成一套原地或近原地以紫红色色调为主的黏土、砂土堆积的区域。其主要特征是区域内气候温暖或炎热，降雨量大，植被茂盛，化学风化强烈，风化层厚度大。

风化程度与风化层：一般而言，从地表往下，根据基岩岩石的物理、化学特征变化程度，从上往下（从外而内）风化程度逐渐减弱，风化程度依次为全风化、强风化、中风化、弱（微）风化、未风化，风化程度可不连续或缺失。不同风化程度的物质组成分别称为全风化层（上部多为残积土）、强风化层、中风化层、弱（微）风化层、未风化基岩层。其中，广义的风化层包括全风化层、强风化层、中风化层和弱（微）风化层。狭义的风化层则指不能准确识别出基岩特征的部分，包括全风化层和强风化层，一般也常称为强风化层。中风化层也可称为半风化层，弱（微）风化层及以下归入基岩部分。

残积物：原指地表岩石风化后残留在原地的堆积物，本指南中特指在化学风化作用控制下形成的堆积物，包括全风化层和强风化层，即狭义的风化层。

风化断面：天然或人工揭露的风化程度由强到弱，由全风化层到未风化基岩的断面，包括陡坎、边坡及钻探等揭露的垂向风化断面。

风化剖面：包含了不同位置地质单位风化层信息（如风化程度、风化层类型、厚度等）的地质剖面。

二、我国南方强风化区的分布

强风化区主要位于热带、亚热带降雨量大的地区，我国南方强风化区主要分布于东南部和南部，涉及江苏、上海、浙江、安徽、江西、福建、广东、广西、湖南、贵州、云南、四川、海南、台湾等省区市，总面积约 150 万 km^2（图 1-1）。地形总体西高东低，涉及高原、山地、丘陵、平原等多种地貌，横跨中国地形三级台阶。

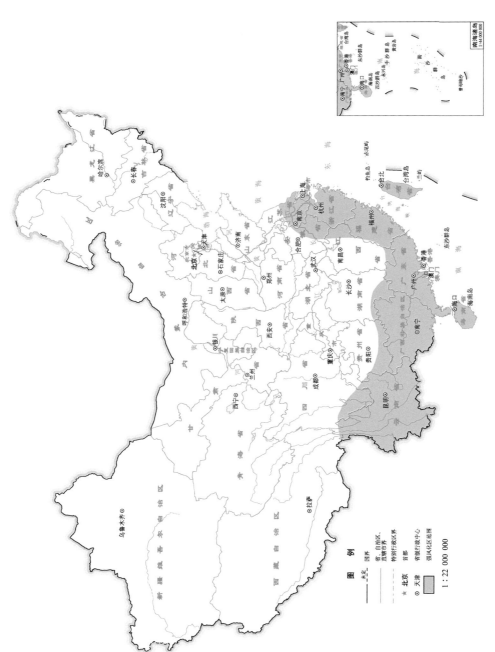

图 1-1 我国南方强风化区分布图

三、强风化区的特征

（一）气候植被特征

强风化区内以热带亚热带季风气候为主，常年湿润，夏季高温多雨，冬季温和少雨，年降水量多在 800mm 以上。区内化学、物理及生物风化作用强烈，风化层普遍属于高岭土型，局部属于红土型。多数地区风化层覆盖厚度约 10 ～ 50m，风化层结构复杂（图 1-2）。因炎热多雨、风化层厚，植被覆盖率高，植被茂盛，基岩露头少见（图 1-3）。

图 1-2 强风化区内的风化层覆盖特征（广西岑溪筋竹）

图 1-3 强风化区内的植被特征（广东罗定生江）

（二）地质特征

强风化区主体位于华南板块，区内地质构造复杂，岩性多样。主要涉及东南沿海中生代火山岩带、钦-杭结合带、右江造山带、三江造山带等主要构造区带。从岩性来说，花岗岩最易形成厚风化层，呈丘陵地貌。中国东南部热带亚热带的花岗岩区的厚风化层与灰岩区的喀斯特地貌，是相同气候条件下，不同岩性的风化产物。

（三）矿产资源

强风化区的分布涉及西南三江成矿带、钦-杭成矿带、武夷山成矿带等多个重要成矿带，是我国有色金属资源基地，已探明铜、铅锌、钨、锡、金、铝土矿等一系列大型矿床。其中贵州、云南、广西是我国铝土矿主要产区，江西、广东是钨矿主要产区，云南、广西、广东是锡矿主要产区。这些成矿带的强风化区内矿产资源丰富，具有巨大的找矿潜力。从矿产成因来看，强风化区发育特有的表生成矿作用及风化壳型矿床。其中风化壳离子吸附型稀土矿是我国南方强风化区独有的稀土矿床种类，主要分布在江西、广东、广西、福建等地。其中中、重稀土含量高，冶炼成本低，经济价值高，具有很强的国际市场竞争力。

（四）地质环境

我国每年因崩塌、滑坡、泥石流等地质灾害遭受重大的人员伤亡和经济损失，其中南方强风化区尤为突出。强风化区多数属山地丘陵区，特别是中西部地区地形陡峻，切割深度大，地质构造复杂，活动断裂发育，地震频发，风化强烈，岩石破碎，松散堆积物厚度大，干湿季节分明，暴雨集中。地形、地质、风化、气候以及人类活动综合作用，极易发生崩塌、滑坡、泥石流等斜坡岩土体运动灾害。

"十三五"期间，国家大力推进交通、水利等重大基础设施建设，其中大量工程布设在南方强风化区。强风化区风化层厚度大，岩土体条件复杂，极大地增加了工程的选址难度和设计施工成本。巨厚的风化层，导致开挖边坡稳定性差，需采用如水泥浆灌浆加固、挂网喷混凝土罩面、锚杆加固等措施，隧道工程需要根据风化层厚度及风化程度采用加强支护、支挡、衬砌等一系列工程手段；为减缓风化作用进度，需要采取喷浆、注浆等工程措施；基础施工需对强风化层进行清除，遇厚风化层需采用桩基础；此外，滇黔桂地区因特定岩性风化形成的膨胀土、软土等特殊类型土发育，需对地基采取特殊措施进行防治处理。

（五）重要城市经济区带

南方强风化区内分布着我国最具活力的两大城市经济区带：长江三角洲城市经济带和珠江三角洲城市经济区（粤港澳大湾区），是我国先进制造业和现代服务业基地，是全国经济发展的重要引擎。此外，还包括了承担两岸政治、经济、文化发展交流使命的海峡西岸经济区、承接东中部产业转移的皖江经济带、面向东盟开放合作的北部湾经济区等重要城市经济区带。上海、广州、深圳等一线城市均分布在区内。特别是，2019年中央已明确了粤港澳大湾区的战略定位及港澳广深四城定位。粤港澳大湾区是国家建设世界级城市群和参与全球竞争的重要空间载体。

第二节　目标任务和调查内容

一、目标任务

1：50000 强风化区地质填图是一项基础性、公益性、探索性的基础地质工作。目标任务是系统收集分析已有的地物化遥（地质、地球物理、地球化学、遥感）资料，针对强风化的特点，选择有效的遥感、物探、化探、槽探和浅钻等技术手段，合理推断和查明强风化覆盖层的组成、结构、厚度及所指示的环境等信息，揭示强风化层下伏的地层、岩石、构造、矿产等特征，编制基岩地质图，提高地质填图的准确度和精度，查明区内风化矿床、地质灾害、不良工程地质条件等与风化作用密切相关的地质要素，为国家能源资源保障、生态文明建设、经济社会发展以及地质科学研究等提供基础地质资料和科学依据，为矿产勘查、水文、工程、环境、灾害、城市地质调查服务，为社会公众提供公益性基础地质信息产品。

二、调查内容

强风化区地质填图的调查内容包括三个方面。

1. 风化层调查

风化层本身在物理、化学性质上与其基岩区别显著，为一新生的地质体，而且处于地球表层，与人类生活关系密切。因此，需要对其产出状态、结构、组成、厚度、矿物元素迁移、次生成矿（稀土、陶土和铝土矿等）、分布（规律）、控制因素、形成机理等进行调查研究。

风化层的组成、结构、厚度、岩土性质及所处的地貌位置与矿产资源、地下水资源、地质灾害等密切相关。其中与风化作用相关的表生成矿作用，如花岗斑岩、石英斑岩风化后形成的残余型高岭土矿床，花岗岩形成的离子吸附型稀土矿床值得重视。此外，风化作用是造成南方地区地质灾害多发、工程建设不良地质条件较多的主要因素，针对特定的目标任务，风化层的相关物理性质也可作为调查内容。风化层调查应该采取专题研究和区域填图相结合的方法。

2. 强风化层下伏基岩调查

强风化层下伏地层、岩石、构造、矿产等特征是传统地质填图的主要调查内容，但由于强风化层的覆盖，其调查精度往往难以满足社会经济建设的需要。因此强风化区的地质填图需要综合地物化遥和钻探等揭露手段，提高填图的准确度和精度，揭示被风化层掩盖的地质体及隐伏断裂等。

3. 强风化层与其下伏基岩关系调查

详细解剖不同地质填图单位的典型强风化断面及风化剖面，研究基岩风化作用过程中矿物及化学组分的变化迁移规律，建立强风化层和基岩的联系，用于通过强风化层来推断基岩，以提高调查效率并降低成本。

第三节　填图阶段划分

强风化区地质填图一般可划分为预研究与设计阶段、野外填图阶段和综合研究与成果出版阶段。

预研究与设计阶段：包括资料收集与综合分析、野外踏勘、填图方法试验、设计编写和设计地质图的编制等基本流程。

野外填图阶段：包括地质剖面测量、地质路线调查、物探化探钻探施工、资料整理、图件完善更新和野外验收等基本流程。

综合研究与成果出版阶段：包括综合研究、成果图件编制、数据库建设、三维地质建模、报告编写、成果评审、资料归档和成果出版等基本流程。

第四节　精度要求

设计工作量应满足一般地质填图工作需要，对各地层、岩浆岩等填图单位、主要地质构造带均应有相应的地质剖面、技术方法、地质工程和配套的岩矿测试样品控制，各地貌单元、各岩石类型均应布设专门的风化断面调查工作。

（一）地质剖面测量

强风化区的地质剖面包括实测地质剖面与钻孔地质剖面。对于区内的每个填图单位至少有 1 条实测剖面控制，实测剖面比例尺 1：5000～1：1000，其中第四纪剖面，比例尺 1：500～1：100。一个图幅原则上应有 1 条地质 - 物探 - 化探 - 钻探综合剖面，联测图幅应有 1～3 条地质 - 物探 - 化探 - 钻探综合剖面，目的是控制构造格架和浅层结构。编制地质剖面图的水平比例尺和垂直比例尺设定一般以能表示出地层厚度、岩性或成因类型的变化为原则。

（二）路线地质调查

路线地质调查以基础地质和风化层调查为主，其次是对设计地质图中地质体类型、边界、风化特征和构造展布的追索验证，原则上对图幅内路线长度不作刚性要求，以解决基础地质问题为目的。一般要求 1km² 有一个有效点控制，对于地质条件复杂的区域要适当加密，对于地质条件简单的区域可以适度放宽，而对调查区已有的天然或人工露头，原则上要求均有地质路线通过。如有必要，可采取便携式浅钻，如槽型钻等进行揭露。

（三）风化断面调查

对调查区的风化层进行全面调查和精度控制。充分利用人工开挖和天然崩塌的边坡等风化断面，查明不同地貌条件、不同地质体的风化特征（包括矿物组成、结构、化学元素等），尤其是完整风化断面或部分风化断面的地质特征，同时对强风化层和基岩关系开展调查，并采集样品。对山地丘陵区，单个图幅内风化断面应不少于 40 处。其中，能完整反映从基岩到全风化层变化规律的为典型风化断面，以天然或人工揭露的露头为主，以钻孔风化断面为辅。原则上每个填图单位至少有两个典型风化断面控制，实测断面比例尺 1∶200～1∶50。

（四）钻探地质调查

钻探地质调查一是补充地表风化断面的不足，对填图单位不同岩性的地质体开展钻探地质调查，调查其典型风化断面特征，采集测试样品，调查区内各填图单位不同岩性至少需要 1 个钻孔控制，查明地质体不同风化程度的岩石矿物组成、结构、构造等特征，建立区内填图单位的典型风化断面，指导野外填图。二是对遥感物化探推断的填图单位、地质界线进行验证并采集物性样品及参数。

钻探调查要同时兼顾遥感物化探验证和对风化层的调查控制程度，一般每个图幅钻孔调查数量不少于 10 孔（包含收集资料中符合条件的钻孔），可与典型风化断面中的钻孔统筹部署。

（五）物探、化探测量

物探、化探以资料的二次开发和利用为主，对风化层结构、重要的地质界线、隐伏构造进行少量调查。目前，比较适用于强风化区的物探技术方法有：浅层地震、高密度电法、音频大地电磁、探地雷达、重力和磁法剖面测量、综合气体测量等。以解决实际地质问题为主，综合考虑项目经费，工作量不作刚性要求。地质－物探－化探－钻探综合剖面测量见地质剖面测量部分。

（六）地质体的标定

有一定厚度（大于几十米）和延伸的基岩地质单元体或有特殊意义和物性的地质单元体等都应在图上表示，厚度小于 1∶50000 填图精度的，可放大表示。对于无法区分的地质单元体可进行合并表达。

第五节　填图人员组成建议

　　强风化区地质填图工作内容包括强风化层及其下伏基岩成分、结构、构造特征和两者关系的调查，工作周期一般为三年，要求填图人员组成专业齐全、结构合理，应包含地层古生物、岩石、构造、矿产、遥感、地球物理、地球化学、地质钻探、地理信息等专业，并保持项目负责人和技术骨干人员的相对稳定。

　　填图人员不仅要具备一专多能的综合技术素质，而且要有丰富的野外地质经验积累。项目负责人应由承担过区域地质调查项目或具有高级职称及以上的地质学专业人员担任，专业组长应由填图经验丰富、专业知识过硬的工程师及以上人员担任。

　　一般一个 2 幅联测项目组应由 5 ～ 6 名地质技术骨干组成。4 幅联测项目组应由 8 ～ 10 名地质技术骨干组成。所有基础地质人员均参与野外地质填图，同时参与钻探、遥感地质解译、物探资料解释等涉及基础地质内容的工作。

第二章 强风化区地质填图技术路线与技术方法

第一节 技 术 路 线

一、基本思路

（1）强风化区填图的主要内容是调查风化层特征及其下伏地层、岩石、构造特征，及与风化层有关的资源环境问题的地质背景，如矿产、灾害等，并探索有效的调查方法和方法组合。

（2）对于覆盖物，首先区分其类型，是第四系还是风化层。对于风化层调查其结构、组成、厚度、矿物元素迁移、次生成矿（稀土、陶土和铝土矿）、分布（规律）、控制因素、形成机理等。对于第四系调查其成因类型、结构特征、分布规律和控制因素等。

（3）在填图工作之初要高度重视资料的收集、综合整理和预研究，编制一张高质量的设计地质图，标明各地质要素的可信程度；提炼出工作区内存在的重大地质资源环境问题，并有针对性地部署工作，尽可能地解决这些问题。

（4）依据工作区的地貌景观和覆盖（含风化层）特征对工作区进行合理分区，在不同的区域采用不同的技术方法，先易后难，逐步完成。

（5）将地质、地球物理、地球化学、遥感等专业有机融合，相辅相成，注重数据挖掘，充分发挥遥感的先导作用，注重多种遥感数据的融合解译，提升解译效果。利用地球物理、地球化学数据对地质体结构、地质界线及断裂等进行解释推断，并与遥感、地质相互验证，提高工作效率。

（6）通过对各种天然、人工露头的调查研究和钻孔施工，建立工作区内不同地质体风化层的结构特征、变化规律，总结归纳通过风化层推测的原岩的规律、标志，并在调查区内应用验证，不断反馈完善。

二、技术路线

（1）强风化区的资料收集和综合分析。在对已有地物化遥和钻孔等揭露工程资料的分析基础上，提出调查区内存在的基础地质资源环境问题；将遥感物化探提取的信息作为推断覆盖地质体的底图和主要依据；将揭露工程所载的地质信息标注在设计地质图和相关图件上，作为推断强风化区地质体边界的条件、限定和控制。

（2）覆盖物类型分区。根据遥感图像和野外踏勘，区分覆盖物的类型，并进行风化程度类型分区，开展物化探试验，针对不同的分区拟定不同的技术方法。

（3）风化层与基岩关系的建立：通过对风化断面及风化层的详细观察、描述，了解其颜色、结构、矿物等物化性质的变化规律，掌握填图单位强风化层的特征，不断总结和实践利用强风化层判断基岩的指标。

（4）开展地质剖面测量和路线地质调查，对遥感、物化探推断的地质信息进行验证和反馈。

（5）根据理论推断和产状要素进行延展。对于强风化层与基岩出露的过渡部位，依据区内的地层序列、构造特征、岩相和地层产状，利用史密斯地层叠覆律和瓦尔特相律等理论，把出露的地质体（填图单位）和断层等，适当向强风化区延伸和推断。

（6）对风化层结构、基岩面埋深及下伏地质体、地质界线（含构造线）开展物化探剖面测量。重点是风化层结构调查及对下伏基岩界线、断裂的追索，筛选、优化风化层覆盖区的物探、化探、遥感等特征信息，以多源信息为纽带，逐步实现地质体从已知到未知地区的延展和推断。

（7）钻孔揭露和物化探遥感验证。一是对于覆盖区的推断结果，采用浅钻、探槽等轻型山地工程进行验证。以验证结果反馈、指导物化探资料的再解释，提高反演效果，用于后续强风化区地质体的推断，确保地质体控制的准确性和精度。二是补充建立调查区填图单位的风化断面特征。

（8）进一步完善综合信息识别方法和技术指标。遵循由已知到未知，理论指导实践，实践完善理论的认知规律。工作区的基岩露头是填图最直接、最可靠的信息，也是对风化区进行推断的基础，首先要在基岩露头较多、覆盖较少的地区开展工作，了解地质情况及其物化遥属性；再结合工作区地质矿产情况，充分利用物化遥资料，适当使用合适的物化探方法，揭示覆盖区的地质信息，总结覆盖区的填图方法。技术路线概括如图 2-1 所示。

第二节　技术方法

一、遥感地貌地质解译

地表地物的地形地貌特征在图像上的显示具有一定的规律性，即地貌类型、形态及组合形式不同，反映的岩性、岩石类型也不同。利用航、卫片及其数字化资料，判断覆盖类型和风化程度，勾绘线性构造和部分环形构造，圈定某些地质体的范围，以减少地面追索的工作量。

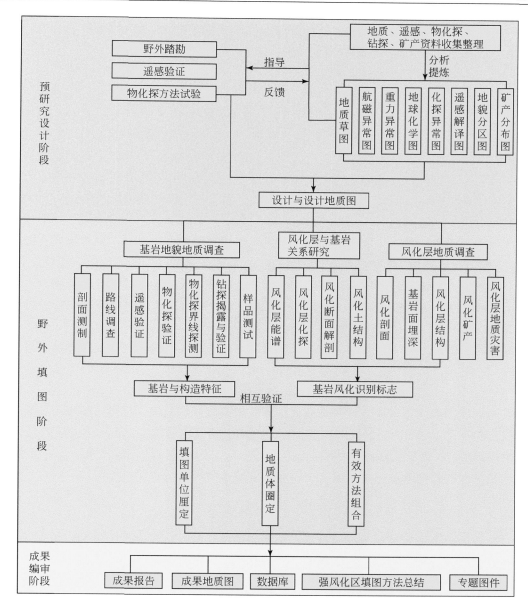

图 2-1　强风化区地质调查技术路线图

　　具体方法是：以遥感影像为背景，叠合专题地质图层，结合典型地质体影像特征，进行对比修正解译。解译中充分参考已有的地质资料和图件，采取编译结合的方式进行，以已知解译结果为基础，按照由点到线再到面、由易到难的原则，从基岩出露区开始，向外围逐步扩展以至完成全调查区的地质解译。在解译的同时，要进行野外调查验证工作，对重点地区进行深入的实地调查。通过野外调查、查证，修订、补充、确定各类解译标志及结果，提高解译资料与成果图件的可靠程度。

二、地表地质调查

（一）路线地质调查

地质路线的布置，要以地质条件的复杂程度和拟解决的主要地质问题为依据，合理部署穿越路线和追索路线，应优先选择高分辨率遥感影像解译的不同等级道路，充分利用自然露头或人工露头出露较好的地段，以能准确地圈定地质体形态和地质构造特征为原则，地质路线的点距和线距不做严格规定，应以问题为导向，合理部署地质路线。

对已有露头不能满足 1：50000 强风化区填图精度要求的地段，采用化探、物探、遥感、浅钻等技术手段进行控制。地质路线要注意风化层信息的收集，详细记录各地质点的风化层特征，如风化层结构、厚度、物质组成等信息，并观察记录路线上沿途的风化特征及变化。

在路线上，对出露较好的风化断面（包括人工边坡、天然边坡、钻孔、探槽等）可进行 1：200 ～ 1：50 比例尺的风化断面测量，对基础地质和风化层特征等内容进行详细描述并分层。

地质路线的基础地质内容的记录要求参照 1：50000 区域地质调查技术要求执行。

（二）地质剖面测量

实测地质剖面应布置在自然露头或人工露头出露较好的地段，尽量选择垂直地质体和构造线方向布设。剖面测量的同时要详细记录剖面上的风化层信息，如风化层结构、厚度、物质组成等信息。遇到长距离无露头控制的情况，应采用剥土、浅钻等技术手段进行控制。

地质剖面的其他测制方法按照 1：50000 区域地质调查技术要求执行。

（三）风化断面调查

对调查区内各地质填图单位出露全、出露好的风化断面进行详细的解剖，观察并记录风化层的岩性、颜色、结构、松散程度、矿物特征等数据，系统采集风化层和岩石薄片、地球化学、地球物理等样品并测试，作为风化层地质图和风化层推断基岩的基础。

三、物探化探勘查

（一）地物化遥资料的开发

采集基岩区和现有工程控制区（已知区）的地质矿产、地球物理、地球化学、遥感等数据信息，研究地质体（地质剖面）与多源数据的关系，建立地质 - 物探 - 化探 - 遥感的模型，优选填图单位具有独特的和明显的异常信息；分析覆盖区的多源数据信息，筛选重要的异常信息，遵循由已知到未知、由已知推未知的科学认知规律，根据所建数据模型，推断强风化区的地质体的组成、形状、规模、产状和范围等信息，圈定地质体。另外，随着大数据和智能填图技术的发展，需有效利用地质大数据、云计算和智能填图服务于地质模型的建立。

（二）地球物理测量

地球物理测量用于了解风化层的结构、基岩面的埋深及起伏、下伏基岩界线和构造，常用的方法有：浅层地震反射法、高密度电法、音频大地电磁测深法、探地雷达法、伽马辐射能谱测量等方法。

浅层地震反射法：基本原理是当人工震源所激发的地震波在介质中传播时，由于不同类型的岩石往往具有不同的弹性特征（如波速、密度等），当地震波通过这些岩石的分界面时，将产生反射、折射等，地震勘探就是通过获取来自这些界面的信号并对其进行解译分析，了解地下介质分布及构造情况，以达到勘探目的。其适用于具有一定波阻抗差异的层状和似层状介质条件下，埋深数十米至上百米的隐伏构造的探测工作，然后根据波阻抗的差异区分岩性。通过浅震数据的真值恢复、频谱分析、干扰压制、反褶积、速度分析、高精度动校正与叠加、叠后滤波、偏移归位、人机交互解释等步骤来进行地质解释。可用于风化层结构划分、基岩面起伏及重要地质界线的探测。

高密度电法：基本原理与传统的电阻率法相同，是用改变供电极距的办法来控制勘探深度，由浅入深了解剖面上的地质体电性情况，从而获得地下介质空间电性结构的二维模型，不同的是在观测中设置了较高密度的测点，现场测量时，只需将全部电极布置在一定间隔的测点上，然后进行观测。由于使用电极数量多，而且电极之间可以自由组合，从而使用覆盖式的测量方式，提供更多的地电信息。高密度电法兼具剖面法与电测深法的效果，且其点距小、数据采集密度大，其二维地电断面能较直观地反映基岩界线、基岩构造，能够了解与围岩存在电性差异的断裂构造，查明基岩起伏情况，确定覆盖层厚度；定性确定具有明显差异的断层破碎带，陡立岩性接触带等；查明埋藏不深，有一定规模的电性差异明显的局部不均匀体；查明区域构造，如凹陷、隆起、褶皱等。

音频大地电磁测深法：是一种通过对调查区一系列频段的磁场和电场波动的测量来获得地表的电阻抗，利用音频大地电磁场作为场源来测定地下目标体的电性参数，并通过研究地电断面的变化来了解地质构造的勘探方法。其中，EH4 连续电导率成像系统是由美国 Geometrics 公司和 EMI 公司于 20 世纪 90 年代联合生产的一种混合源频率域电磁测深系统，结合了 CSAMT 和 MT 的部分优点，结合了天然场与人工信号，具有分辨率高、勘探深度大、野外施工方便等特点。当电磁场以波的形式在地下传播时，根据趋肤效应，不同频率的电磁波具有不同的穿透深度及作用范围，不同频率的电磁波信号差异反映了地层纵、横向的电性差异，从而达到测深的目的，低频信号可以反映深层地层的信息，高频信号反映浅部地层的信息。主要用于断陷构造的识别。

探地雷达法：是利用探地雷达发射天线向目标体发射高频脉冲电磁波，由接收天线接收目标体的反射电磁波，探测目标体空间位置和分布的一种地球物理探测方法。其实际是利用目标体及周围介质的电磁波的反射特性，对目标体内部的构造和缺陷（或其他不均匀体）进行探测。探地雷达通过雷达天线对隐蔽目标体进行全断面扫描的方式获得断面的垂直二维剖面图像，具体工作原理是：当雷达系统利用天线向地下发射宽频带高频电磁波，电磁波信号在介质内部传播时遇到介电差异较大的介质界面时，就会发生反射、透射和折射。两种介质的介电常数差异越大，反射的电磁波能量也越大；反射回的电磁波被与发射天线同步移动的接收天线接收后，由雷达主机精确记录下反射回的电磁波的运动特征，再通过信号技术处理，形成全断面的扫描图，工程技术人员通过对雷达图像的判读，判断出地下目标物的实际结构情况。主要用于断裂构造和基岩界面的探测。

伽马辐射能谱测量：是利用地壳内天然放射性元素衰变放出的 α、β 和 γ 射线在穿过物质时，将产生游离、荧光等特殊的物理现象，利用专门仪器（如辐射仪、射气仪等），通过测量放射性元素的射线强度或射气浓度来寻找放射性矿床以及解决有关地质问题的一种放射性测量方法，也是寻找与放射性元素共生的稀有元素、稀土元素以及多金属元素矿床的辅助手段。放射性物探方法有 γ 测量、辐射取样、γ 测井、射气测量、α 径迹测量和物理分析等。放射性方法广泛应用于地质填图、油气勘探、地下水勘查、活动构造调查以及对环境污染的监测等。γ 测量辐射仪或闪烁辐射仪是以测量岩矿石的 γ（或 $\beta+\gamma$）射线总强度来发现放射性异常的。该法的优点是几乎能在任何地区、任何地质条件下进行最详细的测量。缺点是不能区分放射源的性质（铀、钍、钾），探测深度有限。在强风化区地质填图中用以识别具有放射性异常的地质体。

（三）地球化学测量

区域地球化学测量：各个地质体的元素背景值不同，某些地质体具有明显的多元素套合的正（负）异常显示。通过化探资料，研究各个填图单位的元素背景值和化探异常值等信息，根据强风化区的地球化学背景值和异常值的空间分布范围，帮助圈定、判断下伏地质体的范围和岩性特征。

风化剖面地球化学测量：针对已知岩性剖面采集由基岩原地风化而成的残积土，选择性分析对不同地质体具有指示意义的常量元素、微量元素及稀土稀有稀散元素等。通过大量数据做出经验性图解（如元素含量分布图和相关性元素散点图），借此了解元素在不同岩性上表层风化土中的含量特征与分布规律，评价化探方法对不同岩性推测的有效性，建立该区的"化探填图"标尺，即筛选出适当元素指标，建立一套行之有效的岩性判别方法，指导未知区的岩性识别工作。

采样方法：采集相关土壤样，样点基本间距为200m，若覆盖较为严重的地段可适当加密至100m点距，采样部位为残积层或强风化层，取 -10 目样品不少于300g进行测试分析。

四、钻探与槽探

钻探与槽探的主要目的是：揭示不同地质体的风化层结构，研究风化规律及其与下伏基岩的关系；查明风化层下伏岩石－构造特征；对遥感物化探推断的地质信息进行验证；揭露浅表覆盖，用于风化层及路线地质调查、地质体追索等。相比物化遥技术方法具有简单易行、不存在多解性等优势，是强风化区地质填图、追索和圈定地质体的有效手段之一。钻探根据目的不同，可以分为研究孔、验证孔、控制孔。在钻探或槽探过程中，开展钻孔地质编录、照相、绘制柱状图、采集样品，必要的可以开展测井。

（一）研究孔

研究孔施工的必要性：在强风化区开展地质填图，强风化层本身的调查是一项基本工作。区内风化层厚度大，现有边坡多仅出露有残积坡积层至全风化－强风化层，风化层出露不完整，风化层底界面多位于地面以下，且一般埋藏较深，在现有技术条件下，只有通过钻探才能准确查明风化层的各项参数，查明区内不同岩石类型风化层结构、厚度、物质组成等信息，同时兼顾重要地质问题和风化矿床的调查。

钻探施工的目标：①查明风化层结构、厚度与物质组成等信息；②解决因风化层覆盖，采用传统地质调查方法不能解决的基础地质问题，如准确查明地质界线的位置、验证逆掩断层等重大地质问题；③查明主要填图单位的风化矿床的赋存特征和成矿地质条件；④查明对工程建设不利的特殊风化地质体，如孤石、风化槽等。

钻孔部署原则：应充分收集利用前人钻孔资料和地质调查成果，在基本完成路线和剖面地质调查的前提下确定钻孔施工位置。①孔位选择具有代表性。保证区内主要地质填图单位分布区均有钻孔控制；保证孔位在不同地貌分区（山地、丘陵、盆地、平原）以及不同微地貌（山顶、山坡、山脚）均有分布。②把握钻孔控制精度。在已有收集钻孔和现有完整风化边坡控制的位置附近，避免布置钻孔。③在控制风化层调查精度的前提下要兼顾基础地质问题的解决。如应布置在可能存在重大地质问题的重要地质界面如接触界线、大型构造带附近。④在白垩纪红层等地形平坦、风化层横向变化小的地区，减少钻孔布置。⑤重点针对断层破碎带、球状风化作用强烈的区域开展钻探调查。⑥施工条件好。通行条件好，尽量靠近水源、经济、环境影响小。

钻探调查相关工作内容要求：①钻孔编录，查明风化层的结构、分层厚度、物质组成，查明钻孔钻遇的岩性组合、地质构造、蚀变矿化等信息；②采集相关的地质样品，如强风化区部分地质填图单位难以采集到新鲜岩石样品，应在钻孔中采集相应的样品；③采集风化矿产调查的相关样品。

（二）控制孔

控制孔施工的必要性：控制孔施工是对表层风化土进行"揭盖"，揭露下伏基岩岩性最直接有效的技术方法。

钻探施工的目标：揭掉表层风化土，查明下伏风化岩石的岩性、构造和风化程度等特征。

钻孔部署原则：在地质剖面测量的同时，在风化层覆盖严重，无法达到剖面测量精度要求的情况下，开展浅钻揭露；在完成地质剖面测量、路线地质调查后，在露头控制程度差的地段，进行浅钻揭露，达到强风化区地质填图的精度要求，控制主要地质体、重要地质构造的延伸展布。

钻探调查相关工作内容要求：钻孔编录，查明钻孔钻遇的岩性组合、地质构造、蚀变矿化等信息，采集必要的样品。

（三）验证孔

验证孔施工的必要性：实地验证是遥感解译、物化探推断的反馈机制，是可信度的保证、进一步部署和优化遥感及物化探工作的依据。

钻探施工的目标：查明风化层及下伏基岩的岩性、构造等特征。

钻孔部署原则：主要用于关键地质界线、构造的查证。

钻探调查相关工作内容要求：钻孔编录，查明钻孔钻遇的岩性组合、地质构造、蚀变矿化等信息，采集必要的样品。

五、样品测试分析

常用的有年代学测试，主量元素、微量元素、稀土元素测试，岩石、土壤薄片鉴定，粒度分析，宏体化石鉴定，微体化石鉴定，物性测试等。其中年代学测试的目的是建立起区内岩石构造的年代学格架，主要用来确定岩体、矿体、火山岩、地层形成的绝对年龄，对认识地质体和地质事件的作用毋庸置疑，常见的方法有：Rb-Sr 法、Sm-Nd 法、U-Pb 法、K-Ar 法、$^{40}Ar/^{39}Ar$ 法、Re-Os 法和 ^{14}C 法，需要根据半衰期的长短及估计的形成年龄选择合适的方法，其他方法在此不再赘述。

第三章 预研究与设计阶段

第一节 资料收集整理

前人资料的收集、整理与总结，是开展地质调查工作的基础，必须自始至终贯穿于项目全过程。收集资料的目的是全面了解和掌握前人对调查区基础地质、矿产地质、环境地质、灾害地质、水文地质、工程地质等方面的调查研究现状。在综合分析的基础上，充分利用已有资料，找出存在的主要问题。

一、地形地貌资料

地理底图采用原国家测绘地理信息局公布的 1 ： 50000 地形图或国家地理空间信息中心提供的 1 ： 50000 矢量化地形图（数据），按照《1 ： 50000 地质图地理底图编绘规范》（DZ/T 0157—1995）进行编制，地理坐标系统一采用 2000 国家大地坐标系（CGCS2000），1985 国家高程基准。野外工作底图（野外数据采集手图）采用符合精度要求的 1 ： 25000（矢量化）地形图，形成野外工作背景图层。

由于社会经济的发展，地形地貌特征和交通条件会发生显著的变化，传统的地形图不能完全满足使用要求，可采用网络卫星地图（如奥维地图、谷歌地图）进行补充，全面掌握调查区内最新的通行条件，特别是新建高速公路、道路改道、村级公路及车行土路，和地貌情况及人工露头、风化断面的出露分布情况。

二、自然地理经济资料

通过新近地方志及网络资讯的收集，了解调查区自然气候、社会经济、环境、地质灾害、旅游等方面的情况，明确调查区地质调查工作的服务需求。

三、遥感资料

根据强风化区具有植被茂盛的特点，遥感数据时相优先选择秋冬季。收集空间分辨率较高的多光谱数据和微波遥感数据，数据处理前检查数据质量，多光谱数据应选择云、雾分布面积小于图面的 5%，微波遥感中的合成孔径雷达不受光照和气候条件等限制，可实现全天时、全天候对地观测，且可以透过地表或植被获取其掩盖的信息。用于融合处理及对比研究的多平台遥感数据时相尽可能一致。采用光学遥感数据与微波遥感数据相结合的方式，对强风化层覆盖区开展遥感数据处理，进行地貌植被特征、覆盖类型、地质构造、填图单位的初步解译，并作为野外数据采集的背景图层，为野外踏勘和工作部署提供依据。

四、区域地质调查及地质科研成果资料

全面掌握区内前人地质工作程度和工作成果，作为开展新一轮填图工作的基础。全面收集涉及调查区的 1：20 万、1：25 万、1：5 万区域地质测量及区域地质调查的成果资料和原始资料，筛选具有价值的地质路线、地质剖面和地质点。查阅涉及调查区内重大地质问题的科研成果及论文资料，了解调查区最新的科研成果和前沿的地质工作方法与理论。

通过对前人地质调查资料和地质科研成果的收集，了解调查区的地质背景，分析区内地层、侵入岩、构造、矿产地质等方面存在的主要问题，为工作部署提供依据。

全面收集分析前人岩矿分析原始数据，如岩矿薄片、主微量元素、稀土元素、化石、同位素年龄数据等，掌握样品控制精度，对重要地质问题进行补采样品分析。

五、地球物理资料

全面收集调查区内已有重力、航磁、放射性、电法、地震等物探资料，包括物性表、测井、成果图件、推断解释和异常查证，对收集到的资料按不同的地球物理方法（电磁法、重力、地震等）分类，然后按工作比例尺、精度进行汇总，最后对资料的来源、精度等进行逐一分析，推测引起异常的地质背景。

通过地球物理资料的地质解释，研判调查区区域大地构造分区分带，识别区域性断裂构造，推测隐伏岩体、隐伏构造等。

六、地球化学资料

充分收集研究区内已完成的各种比例尺的地球化学勘查数据资料，包括水系沉积物、土壤、重砂等，充分依靠数据分析技术和相关软件，梳理统计分析区内主要地质体的元素地球化学组成、分布特征及区域构造地球化学特征，分析地质体之间的地球化学差异。

七、钻探等揭露工程资料

系统收集已有钻探、槽探等揭露工程的地质编录、柱状图、素描图、照片、测试、鉴

定和试验等原始资料，尤其要重视岩心等实物资料。要特别重视地质钻孔、工程钻孔和水文地质钻孔资料的收集。但由于施工的目的、施工单位各异，此类资料存在较大的差异，需要进行详细的资料综合整理和可靠性分析，优选采信原始资料完整的工程资料，分析整理基岩岩性、时代、地层单位、埋深及覆盖层特征（第四系、风化层特征）等。如高速公路建设过程中的钻孔一般都进行了工程风化程度划分，但其风化程度划分与本指南中的风化分类存在一定的差异。

第二节　资料综合分析

一、资料综合分析的目的

对收集整理的资料进行综合分析，总结已有工作成果基础，了解调查区调查研究现状，梳理存在的问题。以科学问题和国家或地方需求为导向，明确工作内容和需要采取的技术方法。在分析已有资料可利用程度和存在问题的基础上，确定需要补充的工作内容和工作重点。根据需要编制基础图件和专题图件，为设计编写和工作部署提供依据。

二、资料综合分析的内容和要求

在统一的软件平台上进行资料、数据集成，并建立收集资料数据库，包括收集的各类资料、数据和编制的各类图件等。在此基础上，编制调查区的工作程度图，全面反映调查区已有的基础地质调查、物探、化探和钻探等工作程度。对地质、遥感、物化探和钻探进行综合分析和推断，并将其整合到数据库中，以指导进一步的项目设计和工作部署。可分为以下几个方面：

（1）对遥感数据进行地貌、地质解译和信息提取，编制遥感解译地质图和专题信息提取图件（如地貌类型划分与分布图），并将其添加到背景图层，以指导野外踏勘和设计编写。

（2）对已有各类基础地质调查与研究资料进行认真分析与总结，确定调查区基本地质特征、构造格架及地层组成，提出存在的基础地质问题。对基础地质资料的可信度进行评估，确定需要重点调查的地质填图单位及需要补充的工作内容。

（3）对已有物探成果资料，编制地球物理推断解释成果草图并分析前人推断解释中存在的问题，梳理调查区内地质体及构造的物性差异，针对调查区要解决的问题，对取得的原始数据进行数据处理，进行地质体边界、隐伏构造、隐伏岩体、风化层厚度及结构的推断。针对拟解决的地质问题，初步选定需要补充物探工作的地区及需要开展的物探方法有效性试验。

（4）对地球化学资料进行分析和处理解释，根据需要编制 1 ： 50000 地球化学图件。梳理统计调查区内地质体基岩 – 构造的指示性元素组合特征，结合其在风化作用过程中的地球化学行为和地球化学图，编制地球化学推断解释成果草图及简要说明。分析推断图中存在的问题及需要补充野外验证的工作内容及工作区域。

（5）对钻孔等揭露工程地质编录的可信度、可利用度进行评估，了解调查区内松散层（第四系和风化层）和下伏基岩特征、分布、地质体归属、风化断面的风化特征及变化规律，资料丰富的可以建立钻孔风化剖面或第四系地质格架；分析测井物探多参数（如电阻率、放射性等）资料，了解调查区内地质体物性垂向变化规律，指导物探方法选择及数据解释方法的运用。分析钻孔控制精度，拟定需要补充工作的地质体单元及区域。

（6）对地质、遥感、物探、化探、工程揭露等调查研究成果进行综合分析，比较验证，编制地质草图，推测地质体的空间展布、风化层的分布特征、基岩面埋深等情况，针对地质体调查精度和可靠性以及可能存在的问题等，梳理重点工作内容，明确拟采用的工作方法和技术流程，制定野外踏勘方案，为技术方法有效性试验及设计编写打下基础。

在资料综合分析过程中，地质、遥感、物化探和钻探的分析梳理是不断交互和互相验证的过程。

第三节　野外踏勘及设计地质图

一、野外踏勘的目的

设计书编写之前应进行野外踏勘。初步验证已有资料的认识和存在的主要地质问题，从整体上把握调查区的地质概况、露头出露情况和工作条件，明确野外调查、物探、化探、工程揭露的工作内容和工作重点，并在此基础上编制设计地质图。

二、野外踏勘的内容和要求

（1）原则上每个图幅应有 1～2 条贯穿全图幅的野外踏勘路线。踏勘路线应穿越代表性的地质填图单位和地貌单元，初步了解各地质填图单位的岩性组成、风化特征、接触关系、构造变形样式等基本要素，了解区内覆盖层及露头出露情况，采集重要地质测试样品。

（2）了解区内与风化作用有关的自然资源、地质灾害的地质背景。了解区内经济文化建设对风化层调查的需求，进行风化类型分区并针对性地制定不同的工作方法。

（3）对收集的地质和钻孔资料的可信度和可利用性进行验证评估，如前人的地质界线、地质剖面、断裂构造等实测地质体或地质界线。

（4）对资料分析中遥感解译、物化探推断及其他存在的地质问题进行调查验证，确定其可信度和可利用程度。完善调查区内填图单位的遥感解译标志，初步拟定开展物化探方法试验的区域，确定可行性及是否需要调整。

（5）了解调查区人文经济、地理、气候、交通等野外调查环境条件和工程施工条件，为总体工作部署和年度工作安排提供依据。初步选定野外调查期间的工作营地。

（6）初步厘定调查区的填图单位，在地质草图基础上编制设计地质图。

第四节　填图工作部署及工作部署图

根据项目的总体目标任务和技术路线，工作部署原则是围绕项目总体安排，查明调查区基岩地质特征、风化层展布及结构特征。坚持以调查区已有地质－物化遥资料的收集、综合分析和吸收利用为先导，重视基岩出露区及强风化区钻井、采坑、矿洞、人工露头等已知地质信息的利用，结合地质地貌特征进行风化类型分区，着重在强风化区开展各种物化探方法试验、验证和总结。分层次、分阶段逐步推进地质调查和研究工作，合理安排工作量。

一、部署原则

在工作安排中遵循以下三个原则。

1. 点线面结合原则

在预研究阶段根据已有的地质－物化遥资料结合野外踏勘划分研究区的风化类型、风化层的结构和组成，形成面上的整体认识；再选定关键的区域实施不同的物化探方法测制剖面，进行数据处理和地质解释，形成线上的资料；然后选定关键部位实施探槽、浅钻等工程揭露，查证地质解释的合理性。以面选线、以点验线、以线代面，点线面相结合。

2. 分区部署原则

根据地质地貌特征、风化程度和拟解决的问题进行风化分区，确定不同分区的工作重点、技术方法和工作量安排。

3. 分步推进原则

对风化区下伏基岩的推断遵循由已知到未知，由简单到复杂，由弱风化到强风化，由粗略到精确分步、逐步推进的原则。

二、分区部署

依据收集的地质－物化遥等资料，结合编制的设计地质图，根据地质地貌特征进行合理分区，确定研究重点区和一般工作区，以及需要解决的地质资源环境问题，并采用相应的填图方法组合及工作量安排，不平均使用工作量。

三、分年度推进

强风化区 1 ∶ 50000 区域地质调查项目周期一般是三年。

传统的 1 ∶ 50000 区域地质调查一般要遵循立项论证、组队、收集资料、地理底图数字化、野外踏勘、设计编审、野外数字填图、资料整理、图件编制、报告编写、质量管理、成果验收、资料归档等互为关联、互为反馈的程序。强风化区的地质填图还应开展针对强风化特点的专门调查。

第一年为统筹开局年，主要任务为资料收集及预研究，梳理关键地质问题；开展野外踏勘、地物化遥和钻探试验；开展路线调查、剖面测量、物化探、钻探工程等填图活动；根据边坡、人工采石场、钻孔及物化探试验，建立工作区内不同填图单位的典型风化断面特征标准；编制总体设计及年度工作总结。

第二年为全面实施年，在上年度的工作基础上，进一步开展资料收集与综合分析；全面开展路线调查、剖面测量、物化探剖面测量及解释、钻探等工程揭露及物化探解释验证、采集各类样品并测试；建立区内的岩石地层格架和构造－热事件期次，开展多重地层划分对比；完成风化层的分布、结构调查，修正完善风化层推测基岩的标志；编写年度工作总结。

第三年为总结收官年，完成剩余填图面积，资料综合整理，查缺补漏，完成野外验收；分析各类测试数据，编制成果报告和基岩地质图、风化层分布图等系列图件；建立原始资料数据库及地质图空间数据库，完成项目成果验收和资料归档。

四、工作部署图

根据工作部署原则，分年度部署工作量，在设计地质图的基础上编制工作部署图，应包括以下内容：地貌分区，分年度地质填图安排、路线、剖面布设，地球物理、地球化学剖面布设，钻探、槽探的揭露工程布设，以及其他重点工作安排。

第五节　设计编写

项目设计是项目工作的重要环节，经审批的设计书是进行 1 ∶ 50000 区域地质调查、质量监控及其成果评审验收的主要依据，是项目后续全面工作开展的纲领。

项目设计书应按照项目主管部门下达的任务书（或审批意见书）和有关技术规范，在前人资料收集、预研究、野外踏勘、技术方法试验的基础上，根据调查区的地质情况和自然地理条件，针对要解决的自然资源地质问题精心编制。

设计书要求明确项目的目标任务，对前期工作基础和调研现状进行分析，对关键问题进行梳理，明确实现目标的工作技术路线和技术方法体系，确定投入的实物工作量，并进行合理的工作部署和工作计划安排，对阶段性成果以及最终成果做出预期等，同时对拟投入的经费做出预算。

设计书编写应简明扼要，目标任务明确，采用的技术路线可行，技术方法先进，工作部署合理，质量和安全保障措施有力，经费预算合理。要从实际出发、客观可行，具有针对性和可操作性。

在实际工作过程中，若情况有较大变化时，应及时补充修改设计，报请原审批单位批准。

设计书内容主要包括：目的任务，地质和地理概况，工作程度和研究现状，存在的主要地质、矿产和环境问题，填图单位的初步划分，调查内容和实物工作量，精度要求，填图方法，技术路线，队伍组织，实施步骤，年度计划，质量管理，预期成果和经费预算等，并附调查区设计地质图、物化遥解释（译）草图、工作程度图和工作部署图等图件。

强风化区区域地质调查（1∶50000）总体设计书编写提纲如下，实际编写时可根据调查目的和工作重点等具体情况增删相关内容，编写完成后提交评审。

第一章　绪论

1. 项目概况，简述项目名称、项目归属、项目负责人、实施单位、项目工作起止时间、任务书或审批意见书要求的目标任务，调查区范围及面积等。

2. 简述调查区自然经济地理概况、交通情况（含交通位置图）、地形地貌特征及其分布。

第二章　资料收集和预研究

1. 简述已有地质调查、区域物化探调查、钻探和其他专题研究的收集情况，编制地质调查历史简表。对以往地质调查工作进行评述，评估分析资料可利用程度、获取资料的途径。编制区域物探、化探、地质、矿产、钻孔等工作程度图。

2. 遥感、物探、化探、钻探综合分析、地质推断及存在的问题。

3. 评估各类已测试样品的测试项目、精度与质量和可利用情况。

4. 简述收集资料数据库情况。

5. 简述预研究、野外踏勘、技术方法有效性试验结果，分析地质认识及存在的问题。

第三章　地质概况

1. 简述大地构造位置、基础地质特征、风化层展布及风化层下伏基岩特征，以及岩石物性参数、地球物理场特征等。

2. 简述环境地质、地质灾害及矿产资源概况。

3. 分析存在的主要资源环境地质问题。

第四章　调查内容、技术路线、调查方法及精度要求

1. 叙述主要调查内容（风化层调查、风化层下伏基岩－构造调查、风化层与下伏基岩－构造关系调查）及其调查方法和技术路线，提出填（编）图单位划分初步方案。

2. 简述风化层和下伏基岩调查的工作布置和控制程度，包括地质路线、实测剖面、物（化）探、揭露工程等，以及各种样品采集测试鉴定数量与项目，以及填图单位的建立方法。

3. 简述环境地质、地质灾害和地质矿产等工作内容、工作方法和工作流程。

4. 物（化）探、揭露工程等工作方法具体要求和精度。

5. 简述收集整理资料数据库、野外调查原始数据库和地质图及其他专题图件的空间数据库建设的初步方案。

第五章　工作部署

1. 工作部署的总体思路和基本原则。

2. 地表调查、物探、化探、揭露工程和矿产地质、环境地质调查等具体工作方案，工作阶段划分、总体工作部署和年度工作安排等。

3. 设计实物工作量（含实物工作量一览表）。

第六章　预期地质成果及图面的表达方式

1. 简要叙述预期成果，包括风化层地质图、基岩地质图（地貌图、灾害分布图、成矿前景图等专题图件视目标任务而定）等。

2. 简要叙述成果图件的表达方式。

第七章　人员组织和质量安全保障措施

1. 组织机构及人员安排。

2. 简述质量管理措施和安全保障措施。

第八章　经费预算

按照国家有关预算与财务制度等规定编制项目总经费预算和年度预算，以及预算说明。

设计附图

包括 1 ∶ 50000 设计地质图、1 ∶ 50000 基岩地质草图、1 ∶ 50000 遥感解译地质图、1 ∶ 50000 物探、化探基础图件和推断解释成果草图、工作程度图、工作部署图等。

第四章 野外填图阶段

第一节 野外填图施工常规措施

一、地质地貌遥感解译

地质地貌遥感解译先行，并贯穿预研究与设计、野外填图与施工、成果总结与综合研究全过程，并根据野外验证结果逐步完善地质填图单位的解译标志。

由于强风化区内植被茂盛，可采用多光谱和合成孔径雷达数据联合解译的方式，在预研究阶段对地表的覆盖层（第四系松散层和强风化层）进行区分，然后进行填图单位及构造、矿物蚀变的信息提取和初步的遥感解译，建立遥感解译标志，并筛选野外验证点。在野外踏勘过程中进行实地野外验证，编制遥感解译图。在野外填图阶段，对遥感解译图和解译标志进行全面的检查，对比之间的差异，分析存在的问题，总结经验并进一步完善解译标志和遥感解译图。

二、地表地质填图

在强风化层覆盖区，要特别重视已有露头及钻孔等揭露工程信息的利用。

（一）路线地质调查

（1）路线地质调查的重中之重是要充分利用人工露头或天然露头信息，可沿公路和大型线状工程搜索人工露头，同时通过最新的高分辨率遥感图像（如高分一、二号）或奥维地图等识别全区及邻区的基岩天然露头和人工露头。

（2）在遥感解译图、设计地质图、露头分布图和野外踏勘认识的基础上进行地质调查路线的布设，目的是准确地圈定出地质体形态和地质构造特征。可分为穿越路线与追索路线，基本做到有良好露头的地方均有路线穿过，不平均布设路线。对遥感解译、地球物理地球化学解释的地质单位界线、构造线主要采用追索路线，其他的多采用穿越路线。对基岩露头较少且为风化层覆盖的路线，可通过岩性法、矿物法推断基岩，并可采用少量便携浅钻及槽型钻等揭露工程。

（3）路线调查记录的主要内容（参照附录）包括地形、植被、覆盖类型、风化程度、风化特征（类型、结构、厚度等）、基岩组合特征、照片（或素描），采集必要的岩石薄片、风化层薄片、化石、年龄、地球化学等样品。

（二）地表地质剖面测量

尽可能利用前人剖面，若无合适的前人剖面，则可选择露头较好的地段测制基岩地质剖面，在条件不能满足的情况下（基岩露头率小于60%），可利用工程揭露增加露头率，如仍不能满足实测剖面条件，可在邻近的基岩区测制剖面，了解岩性特征、地层序列和接触关系等；对重要的地质界线、接触关系，可通过适当的工程进行揭露；剖面线和主干路线的选择应兼顾垂直构造线和露头条件。在剖面测量过程中要注意风化层特征的收集。填图主要技术人员均应参加剖面实测。

（三）风化断面测量和风化剖面编制

对于公路山脊边坡、屋基及工程开挖面等出露较大、具有不同风化程度岩石的地质点，应开展风化断面调查，对于出露较好，特别是新揭露的风化断面，应进行风化断面测量。

风化断面测量需要采用专用记录表格（附录），填图人员要详细观察、描述每个点上的风化情况，按格式逐一填写，如风化程度划分、组成、结构、厚度等。通过统计各记录点的风化层类型、厚度、组成、结构等信息，可编绘整个工作区的风化层分布图，进而研究风化层的分布规律、控制因素、形成机理等。在风化断面测量和地质剖面测量的基础上编制风化剖面。

（四）对地质界线（含隐伏断裂和构造线）的调查

对于强风化区的地质界线采取推断—评价—验证的工作过程。此过程是不断更新完善设计地质图的过程，是让设计地质图逐渐向真实逼近的过程。

首先，根据遥感解译图、地球化学元素等值线图和物探解释推断图，对地质底图中界线的可信度和精度进行评估。根据工作程度和资料解释的吻合度不同，把界线划分为完全可信、可信度高、可信度不高三种界线。

对有足够数量控制点（详细观察、记录过，且每个点岩性、产状、照片等资料比较齐全的点）的界线，评价为完全可信的界线，可以当作已知界线；对有控制点，但密度不够，且与遥感、物探解释界线比较吻合、与地球化学元素等值线比较协调的界线，可划分为可信度高的界线，可以选取少量点验证或修正。对控制点少，或没有控制点，与遥感、物探解释界线和地球化学元素等值线中的其中之一比较吻合或协调的界线，划分为可信度不高的界线，要重点调查。

对于可信度不高的界线，根据交通、植被等具体情况，在线上选取有效的调查点，即将线上的问题转移到若干点上的问题，确定调查点。根据调查点布置调查路线，在选择调查方法上以地质风化剖面等地质方法为首选，无法达到目的则用轻型山地工程、浅钻等揭露。

三、地球物理探测

地球物理探测主要针对风化层的厚度、组成、结构等信息，以及下伏的岩石、地层、断层、矿体等地质要素，如基岩地质体界线、断裂构造等。地球物理探测的关键是分析探测对象在纵向和横向上的物性特征，根据物性的差异选择合理的物探方法。断裂带往往含水而呈现低阻。风化层从全风化、强风化经中风化、弱风化到未风化基岩，由于风化程度的减弱，一般而言，其密度、电阻率逐渐增大，孔隙度逐渐减小。不同岩性组合，其密度、电阻率等均存在一定的区别，这些物性差异为地球物理探测提供了可能。综合考虑物探效果、实施条件、经济性，在需要的区域部署物探测量。

（一）浅层地震反射法、高密度电法、音频大地电磁测深法

浅层地震反射法主要用来调查风化层结构和厚度、下伏基岩界线及断裂特征等。浅层地震反射法是通过界面反射回来的波场信息，来研究地下目标体的产状、构造及间接解释岩性等问题。强风化层和中风化层底界一般有比较强的反射，而断裂往往出现反射相位的错断，识别效果较好，对于风化层的结构划分和浅部的断裂构造，可以采用横波反射法，对于较深部的断裂构造可采用纵波反射法。

高密度电法工作原理以介质的电性差异为基础，是通过观测人工供电电场下电流的分布规律来研究目标体的电性特征，是一种阵列勘探方法。高密度电法的电阻率断面图为反演的电阻率值随空间位置的分布图，分布图中从左向右为测线的布设方向，从上到下为深度方向，红色表示相对高阻值，蓝色表示相对低阻值，色标渐变或突变的区域即为电阻率值变化的区域，因此通过观察色标的变化来解释地层或岩体电阻率值的变化，进而说明岩性的变化。通常情况下，由于纵向上覆盖层与岩体的电阻率值差别较大，而横向上岩性电阻率值渐变较小，断面图反映出的是电阻率值纵向变化较为明显，横向变化较为缓慢。可以对风化层下伏基岩和断裂构造进行探测，对低阻地质体效果较好，如浅部存在低阻层则会对下部形成屏蔽。

音频大地电磁测深法是一种通过对调查区一系列频段的磁场和电场波动的测量来获得地表的电阻抗，利用音频大地电磁场作为场源来测定地下目标体的电性参数，并通过研究地电断面的变化来了解地质构造的勘探方法。不受高阻层屏蔽影响，单点电阻率曲线和电阻率－深度剖面图，可以清楚地反映地下介质电阻率的变化情况。此方法主要用于基岩较深处的断裂构造的识别。

（二）探地雷达法

探地雷达法是利用探地雷达发射天线向目标体发射高频脉冲电磁波，由接收天线接收目标体的反射电磁波，探测目标体空间位置和分布的一种地球物理探测方法，界面上下介电常数差异越大，反射的电磁波能量也越大。主要用来解决风化层厚度及下伏基岩面的起伏，兼顾断裂分布的调查等。

（三）重力和磁法剖面测量

地表的重磁测量对断裂、明显的岩性界线比较有效，但成本高，受高差、外界干扰大。应以总结已有的航磁、重力和放射性等资料为主，重要的地方部署少量地面剖面测量。小比例尺重力数据可以指示判断大的构造格架，但无法满足精细的覆盖区地质填图。大比例尺重力数据含有更多的细节信息，细节信息与浅部地质体密切相关，可以较精确地判断浅表的地质体界线等信息。两者结合，可以从不同尺度综合分析判断地质体的不同尺度的信息。

（四）伽马辐射能谱测量

在强风化区进行伽马能谱测量，可通过对已知岩土边坡的大数据量的测量与统计，得出不同岩性风化土伽马辐射能谱特征，确定该方法能够辨别的岩性。在露头控制程度低的相关岩性分布地区和地段，利用该方法辅助下伏岩性类别的推断和放射性矿产的调查。

四、地球化学探测

强风化区残积物与下伏基岩（成土母岩）在化学组分上具有继承相关性，可应用元素地球化学方法判断强风化层下伏基岩属性，利用不同地质体间存在的元素地球化学正负异常圈定地质界线、推断隐伏断裂。判断基岩主要是通过纵向剖面取样，地质界线的圈定主要是依靠面上化探数据，隐伏断裂的探测主要采用壤中气（Rn-Hg）联测的方法。

（一）风化断面地球化学测量

通过已知典型地质体风化断面（基岩 – 全风化层）的系统地球化学取样分析，研究风化过程中元素迁移分配规律，确定矿物和元素地球化学恢复区内该类地质体岩性的方法，确定取样深度、定量化恢复等。

（二）壤中气 Rn-Hg 联测

壤中气 Rn-Hg 联测的目的是对隐伏断裂及岩体进行探测，其优点在于能便捷地发现 Rn、Hg 异常。

（三）区域化探资料在地质填图中的应用

不同性质的地质体其元素地球化学行为具有明显差异，利用区域化探数据资料研究元素地球化学分布规律、含量变化、指示元素组合特征等，可以区分推断不同地质单元。

1. 侵入岩体的划分和岩体边界圈定

侵入岩体的地球化学识别是建立在岩体和围岩各自具有不同元素组合的地球化学特征差异基础上的。与围岩成分存在差异的岩体及其接触带元素地球化学异常的分布规律明显不同，可利用特征指示元素的异常变化、分布划分岩体和圈定岩体边界。

2. 地层对比和划分

利用地层中的地球化学差异对地层进行划分是地层学的研究方法之一。同样，利用从水系沉积物中提取的地球化学信息，可以大致圈定一些岩石地层单元的空间分布范围，而且还可为地层层序的划分提供地球化学方面的证据。

（四）土壤地球化学测量在地质填图中的应用

通过土壤地球化学测量建立已知岩性与风化残积土之间的地球化学关联，达到对未知区域下伏同类基岩进行岩性推断，提高覆盖区填图精度的目的。对测试数据进行统计分析，研究不同岩性元素含量贫富变化的规律，绘制指示元素含量或含量比值图，借此了解各元素在不同岩性风化土中的含量特征与分布规律，优化筛选出对区内不同岩性进行有效判别的地球化学指标并进行推断。

五、风化层及第四系地质钻探

地质钻探是调查第四系、风化层和下伏基岩最直接最有效的方法，钻穿整个覆盖层钻入基岩，可以了解第四系及风化层的厚度、组成和结构，直接观测下伏基岩岩性，采集样品、验证物化探解译效果、追索和圈定地质体的重要界线，非常适用于强风化区地质填图。

根据不同的地质情况、进尺深度、样品要求及交通情况来合理选择不同类型的钻具，如槽型钻、便携式浅钻、工程机械钻等。

第二节　填图技术方法有效组合选择

填图技术方法有效组合选择的总体原则是对完成目标任务有针对性、有效性、可行性且经济便捷（表 4-1）。

一、地表地貌地质调查

（一）地貌调查

地貌调查主要采用遥感解译和实地调查相结合的方法，进行水系、山系及地质体风化特征调查，制作地貌单元分区图（含露头分布），为风化类型分区、地表地质调查及物化探方法试验奠定基础。可采用美国 Landsat 8 ETM+ 数据和我国 GF 系列数据等遥感影像数据识别地貌类型、不同等级道路、天然露头或人工露头出露较好的范围。

表 4-1　强风化区填图方法体系

调查内容			调查方法	方法组合	图面表达
地表地质地貌	地表地貌	水系、山体、露头	遥感、路线	遥感解译水系发育、山体分布及坡度，露头出露、风化程度等特征，路线验证，地貌分区，为方法组合提供依据	遥感解译图，工作部署图，地貌分区
	地表地质	地层、侵入体、构造	遥感、剖面、路线	遥感圈定地质体范围、风化层分区，路线验证；地质路线和剖面测量调查地质体、构造特征	基岩地质图
松散层	第四系松散层	厚度、组成、结构	剖面、路线、钻探	天然陡坎、人工露头路线调查和剖面测量，钻孔编录	基岩地质图角图
	风化层	厚度、结构、下伏基岩	路线、断面、钻探、物探、化探、综合研究	遥感解译风化层类型；路线调查风化层类型和空间分布；风化断面测量建立风化层结构特征；浅层地震、探地雷达调查风化层结构；伽马能谱识别特征地质体风化层；综合研究、风化层薄片，总结风化层推断基岩的方法	风化层地质图，风化剖面图及等值线图；滑坡灾害易发等级图，角图
基岩地质结构	基岩	岩性	剖面、路线、物探、化探、钻探	浅层地震、探地雷达＋钻探确定基岩面起伏、构造展布；化探＋钻探揭露基岩岩性；风化断面对比推测基岩岩性；地质－物探－化探综合剖面控制区域构造格架	基岩地质图
	重要地质界线、断裂等	性质与展布特征	物探、化探、钻探	地质、物化探资料综合推断隐伏断裂，浅层地震、高密度电法、音频大地电磁、综合气体测量进行追踪和限定，钻探验证和研究	基岩地质图、风化层地质图上虚线表达

（二）地质调查

（1）遥感解译：采用美国 Landsat 8 ETM+ 多光谱数据和日本 ALOS PALSAR 合成孔径雷达数据，进行风化土类型、露头分布和地质解译。根据地质草图、遥感解译及风化情况对工作区进行分区，针对不同区的地质现象和风化情况选择填图方法。

（2）剖面测量：调查填图单位的岩性特征、构造特征。

（3）路线调查：圈定地质范围及构造展布特征。在采用垂直构造线进行路线调查的同时，根据通行条件，适当采用追索法。线距、点距基本参照 1：50000 区域地质调查要求，但可适当放宽。

（4）风化层及残积物推断基岩：在没有基岩出露的区域，先充分利用地表有限露头、转石和人工开挖风化剖面等信息进行基岩推测。

在设计地质图的基础上，开展地质路线调查和剖面测量，对遥感、物化探圈定的地质体、地质界线进行验证。在强风化且风化层较厚的地区，为了全面了解工作区的地层序列，合理解译、推断覆盖层（风化层）下伏地质体，可在工作区周边选取出露完整的剖面进行测制，结合少量的钻探揭露工程，达到了解其全貌的目的。在风化程度稍弱、风化层稍薄的地区，如白垩纪地层区，可采用传统的地质调查方法。在路线调查过程中，注意风化信息的记录。

二、风化层调查

主要调查风化层的结构、组成、厚度、矿物元素迁移、次生成矿（稀土、陶土和铝土矿）、分布（规律）、控制因素、形成机理等。

可采用浅层地震、探地雷达、浅钻、土壤薄片、风化断面化学分析来调查风化层的结构、厚度等特征，以及元素变化规律。其中浅层地震、探地雷达主要是调查风化层的结构厚度、风化层底界的深度及起伏变化，断裂及地质体界线；浅钻主要是调查风化层结构厚度、下伏地质体特征，采集样品，建立不同岩性的风化特征标准及验证物化探遥感推断结果；风化土薄片是通过浅部风化层推断未风化岩石的主要手段；风化断面主要研究风化层结构、矿物、元素变化规律，建立不同岩性的风化特征标准。具体技术方法及有效组合如下：

（1）遥感解译：采用美国 Landsat 8 ETM+ 多光谱数据和日本 ALOS PALSAR 合成孔径雷达数据，对风化土类型和露头分布进行解译。

（2）风化断面测量：选择风化层出露厚度大，高差大于 10m 的天然或人工风化断面进行测制。从上到下按残/坡积层、全风化层、强风化层、中风化层、弱风化层和基岩进行分层并描述，采集风化土薄片进行测试。通过风化断面来调查风化层的结构、厚度、矿物元素变化规律，建立不同岩性风化层的风化特征典型剖面。

（3）地球化学勘探：对风化断面系统采集化学样品，分析岩石风化过程中元素的变化规律。

（4）地球物理测量：选取风化层厚度大、分布范围广的区域，利用浅层地震、探地雷达调查风化层的结构厚度、底界的起伏变化。采用伽马能谱调查具有显著放射性异常的基岩风化层。

（5）钻探：对物探推测的风化层结构和厚度进行钻孔验证和校正，补充少量填图单位的典型风化断面。

三、第四纪松散层调查

对于第四纪松散层，主要需要了解其沉积物岩性、物质组成、厚度、成因类型、接触关系和空间分布，以及整个覆盖层的地质特征与变化规律。分析第四纪沉积物成分、成因类型与地貌的关系，确定第四纪沉积物的相对地层层序和地质填图单位。主要采用天然、人工的陡坎剖面，在第四系控制较差的地方，采用钻孔揭露的方法，通过详细的钻孔编录和采集各种样品，对第四系的岩性、沉积相、古生物、磁性、年代、古环境、古气候特征进行研究，分析各时期的沉积环境及其演化规律，开展第四纪多重地层划分对比。在平面上通过遥感圈定第四系的范围，分析其成因类型。

四、基岩地质结构调查

基岩地质结构调查主要是为开展水文地质、工程地质、环境地质、地质灾害、地质资源等专项调查提供基础资料，为经济区规划、建设、管理服务提供地质科学决策依据。按照 1：50000 地质调查目标任务要求，对于强风化层和第四系覆盖区，覆盖层厚度一般小于 50m，对其下伏基岩，主要调查目的是推测其岩性及所属填图单位，可部署少量物探剖面（浅层地震、高密度电法），并结合浅钻开展调查。在全区范围内，除特殊要求外，一般不需要对其进行专门调查，可综合整理已有的重力、磁法资料，对基岩地质结构进行推断。具体技术方法及有效组合如下。

（1）剖面测量和路线调查：充分利用地表有限露头和人工开挖风化剖面对地质体及其构造特征进行调查。

（2）钻探：钻探是调查基岩岩性最直接有效的方法。根据不同的风化程度选用不同的钻具。以钻孔资料的收集利用为主，有条件的情况下需要收集钻孔岩心，在必要的地区开展浅钻工程，一般需要钻进到未风化基岩并取心，为建立研究区不同岩性的风化特征积累第一手资料。

（3）与典型风化断面的对比：典型风化断面详细描述了风化层的岩性、结构、厚度、矿物元素富集情况，建立了地表残/坡积层-风化层-基岩的结构模式。通过野外的断面或钻孔岩心的岩性结构与典型风化剖面对比，判断强风化地质体下伏原岩的岩性。

（4）区域化探资料：由于风化层主要为残积物，其化学成分和原岩有一定的联系，化探对于部分岩性的识别具有良好的效果。根据强风化区一些特征元素的地球化学背景值和异常值的空间分布范围，帮助圈定、判断下伏地质体的范围和岩性特征、构造展布。

（5）地球物理勘探：在全区范围内综合整理已有的重力、磁法、电法资料，对基岩地质结构进行推断。对下伏基岩，主要是调查推测其岩性及所属填图单位，可根据区域内基岩的物性特征，选择部署少量物探剖面（浅层地震、高密度电法、音频大地电磁法、瞬变电磁法、伽马辐射能谱测量），并结合浅钻开展调查。

（6）地质-物探-化探综合剖面：垂直构造线布置 1 条及以上的地质-物探-化探综合剖面控制重要的线性构造，如地质界线、韧性剪切带和区域断裂，可选择音频大地电磁、重磁测量及综合气体测量等。

五、重要地质界线及隐伏断裂构造调查

隐伏断裂构造，尤其是近期内仍可能活动的断裂构造对地方规划和工程建设具有重大影响，可结合地方需求，做有针对性的调查。

在强风化区，主要通过对已有遥感影像、地质、物化探资料的分析，对调查区的重要

地质界线、区域构造样式和可能存在的隐伏断裂构造做出推断，并做可信度的分析，在确信度较高的地方，可采用地球物理勘探的办法，布设浅层地震、高密度电法、音频大地电磁法、壤中气 Rn-Hg 联测进行追踪和限定，然后根据结果采用钻探工程进行验证和研究。

六、其他重要的地质背景调查和应用服务

根据研究区的实际情况，以需求为导向，以风化作用为主线，选择开展环境地质、工程地质和矿产地质的地质背景调查。

1. 灾害地质调查

通过遥感和路线调查的方法，对城市、村庄等人口密集区的崩塌、滑坡、泥石流、地面塌陷、地面沉降等地质灾害以及与风化作用相关的地质灾害进行调查，分析地质灾害致灾地质条件，进行地质灾害风险区划。

2. 工程地质条件调查

结合钻探、风化层剖面测量和路线调查，对如球状风化体、风化槽、溶洞、膨胀土等特殊风化作用产物进行调查，综合岩土体条件，进行工程地质条件适宜性区划。

3. 成矿远景调查

通过风化层剖面测量、风化断面研究、化学测试和路线调查，对稀土、高岭土、铝土矿等风化矿床成矿地质条件进行调查，进行风化矿床找矿远景区划。

第三节　野外验收

野外填图工作结束后，所有野外原始资料和野外调研成果要提交给相关主管部门进行野外成果验收。

一、野外验收基本要求

野外验收过程包括原始资料的室内检查和野外实地抽查，检查和抽查内容应覆盖主要的工作手段。原始资料的室内检查比例不应低于 5%，物探、化探、揭露工程资料抽查比例不应低于 20%；地质调查路线或地质剖面抽查比例每个图幅不应低于 10%。

二、野外验收应提供的资料

野外验收应提供的资料主要包括以下方面：

（1）任务书（或审批意见书）、设计书及其相应的图件、评审意见等。

（2）野外地质调查路线、野外手图、实际材料图、地质剖面等数据库，野外调查

记录本、野外剖面记录表、岩心编录记录表、探槽剖面素描图等原始记录，以及相应的地质照片。

（3）钻孔施工记录班报表、简易水文观测成果表、测斜记录表、孔深误差丈量记录表、岩心地质鉴定分层表及照片、测井曲线及其地质解译表，以及钻孔综合柱状图和钻孔终孔质量检查验收报告书。

（4）收集整理的揭露工程资料登记记录表和数据库。

（5）物探施工记录表、施工原始数据与收集的原始数据、处理数据及其图件和地质解释图件，以及物探工作质量验收报告书。

（6）化探工作记录表、测试原始数据和收集的原始数据、主要元素等值线图和评价图。

（7）工程测量数据与成果表。

（8）各类样品测试鉴定采（送）样单，以及主要测年样品的测试分析结果和其他70%以上的测试鉴定数据和图表。

（9）野外调查手图、地质剖面图、实际材料图、第四纪地质图和基岩地质图等。

（10）典型的钻孔岩心、化石等标本。

（11）针对矿产、环境地质问题、地质灾害等专项调查数据与基础图件。

（12）阶段性总结报告及半年报、年报等技术报告和任务书（合同书）要求的专项调查总结简报，以及各级质量检查记录资料。

（13）数据处理中使用的统计、分析、成图、反演等软件、参数选择纳入检查范围。

三、野外验收重点检查内容

野外验收重点检查内容包括：
（1）设计任务完成情况。
（2）工作方法与质量，以及项目质量管理情况。
（3）原始资料及文图吻合程度。
（4）覆盖层（第四系和风化层）、基岩、环境地质、地质灾害等调查程度。
（5）野外地质图的正确性和图面结构合理性等。

四、野外验收意见的形成

经室内资料检查和野外实地检查后，由专家组形成野外验收意见书。意见书要对主要实物工作量完成情况、工作方法和精度、原始资料质量及其控制情况、取得的成果、存在的问题及项目质量监控运行情况做出全面客观的评价，提出需补充调查工作的内容和意见等。

野外验收意见书提出的意见是最终成果验收的重要依据之一。

第五章　综合研究与成果出版阶段

综合研究与成果出版阶段包括综合研究、图件整理和测试数据分析、空间数据库建设以及填图成果出版发表等。

第一节　综 合 研 究

研究分析调查区地层、岩浆岩、变质岩、构造的基本特征，建立基岩地层层序和构造、岩浆演化过程，总结相关的成矿地质特征与背景。

研究分析调查区内岩石的风化规律、影响因素、风化特征、表生风化矿产及地质灾害，探讨分析环境地质问题和地质灾害的地质背景。

第二节　图件整理和测试数据分析

一、图件整理

综合地质、遥感、地球物理、地球化学和钻探等野外调查和室内分析资料，基于DGSS 平台，完善各种地质图件编制。包括成果地质图以及其他各种专项图件等。

1. 成果地质图

对地质图的图面表达形式可采用左右两个主图，左侧为基岩地质图，为综合地表地质调查（含露头及根据风化土推测的岩性）、遥感、物化探、钻探等填出的地质图，主要表达岩石、地层、构造、古生物等要素，与传统的地质图基本一致。右侧为风化层地质图（也可称地表地质图）。风化层地质图的主图区，将地表风化覆盖层现状特征（如不同类型风化岩、风化土的空间展布）直观反映在图上，对风化残积土根据残留矿物粒度和类型以及新生黏土矿物组成进行分类，对风化层的厚度以等值线的形式进行表达。为减轻图面负担，增强美观性，将 1 ： 50000 数字地形图处理成晕渲图作为地形底图，在其上叠加各种等值线和花纹。

在辅助图区，综合风化土类型、厚度、岩性等多要素，以图表的形式对风化矿床成矿地质条件和地质灾害易发程度进行分区。此外，图面还应当表达球状风化体、风化槽等与工程建设密切相关的特殊风化现象，以及崩塌、滑坡等地质灾害，成果能够直接为工程建设选址与防灾减灾提供服务。

2. 其他专题图件

强风化区地质调查要求对区内风化断面进行调查，填写风化断面调查表，绘制素描图和分层柱状图。调查表要求详细记录编号、位置、地质单位、植被覆盖情况，对风化断面选择最有代表性的地段进行素描，绘制柱状图，一般采用 1：100 比例尺对风化断面进行分层，如残/坡积层、全/强/中/弱风化层、未风化基岩层，并对各层进行详细描述。在此基础上可编制风化层厚度图、地质灾害分布图等专题图件。

二、样品测试数据分析

收集前人在调查区完成的岩石、矿物、古生物等各项鉴定测试成果，经认真复查、筛选，充分加以利用。对不同地质体（沉积岩、火山岩、侵入岩、变质岩、混杂岩、构造带、矿化体等）应有相关实测样品控制，具体见表 5-1。分析鉴定结果须按有关技术规范进行抽检，并对其质量做出评述。

样品分析测试工作贯穿填图全过程，对获取的数据进行综合研究和分析，充分挖掘和利用测试数据所揭示的地质信息。

表 5-1　调查区主要样品一览表

分析测试项目	测试目的	样品采集要求
岩矿薄片	岩石矿物微观鉴定	3cm×3cm 微观鉴定
风化层薄片	风化土微形态结构分析	原状未扰动风化土，圆柱状取土器取样，底面直径大于 6cm，高大于 10cm
化学分析样	岩石含矿性分析	新鲜岩矿石
土壤化探分析样	风化残积土元素组成	−10 目风化残积土 ≥ 300g
化石	确定地层时代和古生态、古环境	可见化石取样
微体古生物化石	确定地层时代和古生态、古环境	一般细碎屑岩层、灰岩层取样
粒度分析	沉积环境分析	制备沉积岩岩石薄片
硅酸盐分析	地球化学分析	样品重量约 500g
稀土元素分析	地球化学分析	样品重量约 500g
微量元素分析	地球化学分析	样品重量约 500g
U-Pb 同位素分析	确定侵入岩形成时代、限定地层沉积时代	采样需避免外来碎屑混入，分选矿物（一般为锆石）
^{40}Ar-^{39}Ar 同位素分析	确定变形热事件年代	采集新鲜岩石分选矿物（一般为云母、钾长石）
岩组分析	判断变形温压条件	采集新鲜岩石标本制备定向薄片

第三节 空间数据库建设

按中国地质调查局《地质图空间数据库建设工作指南》《数字地质图空间数据库标准（2006）》的要求，完善原始数据资料数据库（含实际材料图数据库）和成果图件空间数据库。

空间数据库包括原始资料数据库与地质图空间数据库。原始资料包括野外地质填图资料、收集钻孔资料、施工钻孔资料、样品采样与分析资料等。项目工作从资料准备到野外地质调查到最终成果要全程基于数字地质调查信息综合平台（DGSInfo）进行，有效实现了对各类数据的一体化描述、存储和组织。

野外地质填图资料分为两类：一类为本次路线地质调查、剖面测量数据，另一类为钻孔揭露的风化层及下伏基岩特征。路线地质调查资料（含剖面测量）按 1 ： 25000 万图幅进行组织；钻孔资料及相关测试分析成果按 1 ： 50000 图幅进行存储。

对于地质路线，应对地质点、点间路线、地质界线、产状、照片、素描、采样、化石等地质要素进行录入。路线整理要编写路线小结，对本条路线在岩性、接触关系、地质构造等方面的主要特点进行小结，总结整条路线的风化特征和变化情况。小结应阐述野外地质人员对本条路线所见地质内容的初步认识。

对于地质剖面，应录入导线信息、分层信息、定点信息以及相关的产状、照片、素描、采样、化石等地质要素，录入野外分层记录。对本剖面在岩性、构造等方面的主要特点进行小结，同时总结剖面上的风化特征和变化情况。小结应阐述地质人员对本条剖面所见地质内容的初步认识，以及下一步工作建议等。

对于风化断面，在现有数字填图系统条件下，应以地质点的形式，录入其位置信息、岩性信息、植被发育情况，并对素描、柱状图及分层记录进行数字化，作为该点的素描要素。风化断面调查点的整理要求与地质点基本一致。

第四节 填图成果出版发表

对填图工作及成果进行系统总结，形成最终成果报告，完成成果验收和资料归档，并及时将成果出版，提交公众使用，发挥地质调查的公益性属性，并避免重复性的工作。此外，成果出版后，使用人员增加，也能更好、更有效地对成果进行检验交流，扬长避短，促进研究水平提高。填图成果报告参考提纲如下：

第一章 绪论

1.简述任务书（或审批意见书）文号及目的任务、项目编号、调查区范围、面积、工作起始时间等。

2.简述交通位置（含交通位置图）、自然地理及社会经济概况、地貌类型特征。

3.简述地质调查历史及工作程度，编制地质调查历史表和工作程度图，对以往地质工作简要评估。

4.简述任务完成情况及其工作量，阐明报告编写及主要图件编制的分工，答谢对工作给予支持的单位和个人。

第二章　填图目标、工作方法及应用效果评述

1.说明强风化区填图工作的目的任务和调查内容。

2.系统阐述围绕填图工作目标所采用的填图方法及方法组合的选择。包括遥感资料的收集与处理、解译标志、路线调查与控制程度；物探资料的收集与利用、区域地球物理基本特征、物探工作方法与质量及工作成果；化探资料的收集与利用、化探工作方法与质量及工作成果；揭露工程资料的收集与利用、工程揭露方法与质量及控制程度等。

3.评述主要工作手段应用的效果，总结区内的填图方法体系。

第三章　强风化区地质背景简述

结合与调查区相关的区域地质面貌对强风化区的区域地质背景进行概述。

1.简述区域地层分区、区域地层发育及基本序列、主要岩石地层单位的特点。

2.简述区域岩浆分布、侵入岩及火山岩岩石特点及序列、岩浆演化及构造环境。

3.简述区域变质岩石分布、变质作用特点、变质环境及变质演化。

4.简述区域构造单元划分、区域构造格架、构造发育以及区域构造发展演化。

5.简述区域矿产分布、成矿类型、成矿序列以及成矿规律。

第四章　强风化层的地质结构

1.系统说明地表强风化层的类型、特征及分布。

2.阐明不同填图单位风化层的结构特征，包括岩性、风化程度划分、结构、厚度，风化土的类型、厚度、矿物组成等；归纳总结不同填图单位在不同风化程度下的野外特征，以及推测基岩的依据。

第五章　强风化层下伏基岩的地质结构

基于地表地质信息推断、地球物理勘探的反演及地质解释、地球化学推断、钻探标定和验证等综合信息对基岩面有关地层、岩浆、构造和矿产等地质结构信息做出综合阐述，可视情况作为单独的章节或归入第三章。

第六章　专项调查

根据任务要求，视具体情况编写。针对调查区存在的重大基础地质问题，或针对重大科学发现进行的专项调研，或以需求为导向，面向国民经济可持续发展进行的矿产地质、环境地质、灾害地质、工程地质、农业地质等方面的专项地质调查工作，应在区域地质调查报告中增加此章进行叙述。

第七章　地质图和专项调查图件空间数据库

地质图（包括基岩地质图和风化层地质图）和专项调查图件空间数据库图层和相关数据项的简要描述。

结束语

总结本次调查工作的主要成果、重要进展及存在的主要问题，提出下一步工作建议。

第二部分　广东 1 ： 5 万筋竹圩、连滩镇、泗纶圩、罗定县幅强烈风化区填图实践

第六章　概　　况

第一节　位置及自然地理

调查区位于广东省罗定市和郁南县与广西壮族自治区岑溪市交界处，涉及四个 1：5 万图幅，地理坐标为北纬 22°40′～23°00′，东经 111°15′～111°45′。属于强风化区，处于两广丘陵区的中东部，主要发育丘陵、盆地、山地、平原等四种地貌。西部和北部主要为丘陵和低山山地，东部和南部为罗定盆地，西江支流南江在区内形成规模不大的冲积平原。交通条件总体一般，有省道 324 及跨境高速横贯本区。东部罗定市及郊县区内县道、乡道纵横交错，交通较为便利，基本上能满足地质调查的需求。但西部及西北部中高山区山谷陡立、沟壑纵横，交通条件相对较差，较难穿越（图 6-1～图 6-3）。

图 6-1　调查区及邻区地貌概况图

图 6-2　调查区数字高程模型（DEM）输出图像

（图中白线为地形剖面线，剖面见图 6-3；右侧高程色谱仅供参考）

从定位：19534758.809，2544744.400　　　　　　　　　到定位：19576743.560，2507950.643

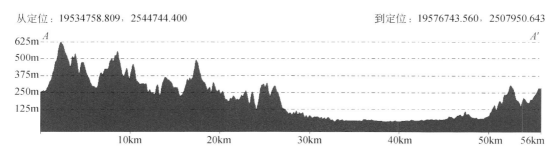

图 6-3　调查区北西－南东向地形剖面

调查区属南亚热带大陆性季风气候，台风和暴雨频繁，高温多雨。地表为花岗岩、片麻岩、砂岩、灰岩、第四系沉积物及其风化产物等。地表岩石风化强烈，基岩出露较少，不同的岩性组合形成不同的地貌和残积物。风化类型主要为化学风化，岩石、矿物在原地发生化学变化，活动性强的钾、钠、钙、镁等元素从矿物中大量释放出来，铁、锰等元素也常呈水化、氧化状态向下淋滤，一遇到干旱就会脱水，变成红色的氧化铁和褐色的氧化锰而固定下来，形成厚达几米至几十米的红色风化层。丘陵外形浑圆、沟谷纵横，地表切割得十分破碎，风化层厚度可达 10 ～ 30m，且植被特别发育（图 6-4 ～图 6-7）。

以地貌类型为基本类别，调查区地形地貌及覆盖特征可归纳于表 6-1。根据岩石类型、覆盖程度、风化层发育特征，可以将研究区划分为 8 个区：①中北部那蓬岩体区，②泗纶云开岩群及岩体区，③罗定白垩系红盆区，④南部八帘山岩体区，⑤围底喀斯特区，⑥围底南华纪地层区，⑦连滩早古生代地层区，⑧筋竹早古生代地层区，简单介绍于下。

表 6-1　调查区地貌类型及风化层覆盖特征

地貌类型	平原	盆地	丘陵	山地
高程 H	$H < 50m$	$50m \leq H < 200m$	$200m \leq H < 500m$	$H > 500m$
高差 F	$F < 20m$	$20m \leq F < 100m$	$100m \leq F < 200m$	$F > 200m$
分布位置	东部	东部和南部	中部和西部	西部
分布面积 /km²	144	500	850	400
风化（覆盖）程度	第四纪冲积层覆盖	人工活动频繁，基岩多被掩盖	岩石风化强烈，残坡积土厚，植被茂密，山上很难见到基岩露头	基岩风化强烈，残坡积土厚，植被茂密，山上很难见到基岩露头
基岩出露情况	基本无基岩出露	出露于零星分布的残丘或人工开挖边坡	山脚公路人工开挖路壁可见相对连续基岩露头，山上小路零星可见强烈风化的基岩露头	山脚公路人工开挖路壁可见相对连续的基岩露头，山顶、深切沟中局部可见较新鲜露头，山间小路偶见全 - 强风化基岩露头
主要岩性特征	第四纪冲积物，主要由砾、砂、粉砂、黏土等组成	主要由白垩纪砾岩、砂岩和泥岩组成，胶结程度不高	主要由花岗岩类和前泥盆纪不同变质程度的砂泥质地层组成	主要由前泥盆纪变质砂泥质地层和花岗岩类组成
风化土特点	强烈风化，多呈紫红色、土黄色	强烈风化物多呈棕红色，松散	花岗岩类风化物多呈松散棕黄色土状，稍弱者含大量石英颗粒；变质地层风化物多呈土黄色，浸水呈棕色，岩石碎块常见	变质地层风化物多呈土黄色，浸水呈棕色，岩石碎块常见；花岗岩类风化物多呈松散棕黄色土状，稍弱者含大量石英颗粒
风化层特点	第四纪冲积物覆盖	风化层厚度均匀，约 3～20m，地表出露以中风化为主	风化层厚度大且分布不均，以花岗岩风化层厚度最大，集中在 20～50m，地表出露以风化残积土和强风化为主	风化层厚度不均，受岩性控制程度大，集中在 20～30m，以花岗岩和结构面发育的变质地层风化层较为发育
其他特征	分布在罗定市、连滩镇一带南江及其支流冲积平原，曲流河发育	总体地势平坦，居民地密布，人类活动频繁	绝对高程和相对高差总体不大，有一定的人类活动，常修建有公路及其他设施，种植有经济林	多种植有经济林，植被茂密；山顶覆盖有残积土，厚度不大；山坡和山脚残坡积土覆盖严重，多发育松散土和基岩转石

图 6-4 泗纶镇东侧志留纪花岗岩采石场处
风化层特征

图 6-5 筋竹镇东侧花岗岩质糜棱岩采石场处
风化层特征

图 6-6 强风化区植被覆盖特征 1

图 6-7 强风化区植被覆盖特征 2

调查区西南部为丘陵，主要出露云开岩群和泗纶岩体。云开岩群主要为灰色、灰黑、灰绿色云母石英片岩、石英云母片岩、绢云千枚岩、变质长石石英砂岩、变质粉砂岩，夹多层灰黑色碳质石英绢云母千枚岩、硅质岩，局部混合岩化。多强烈风化，风化层厚度多为3～10m，其强烈风化后常呈紫红色、杂色含云母黏土、亚黏土，较滑手，无黏性（图 6-8、图 6-9）。

图 6-8 强风化石英云母片岩（云开岩群）

图 6-9 未风化条带状混合岩（云开岩群）

泗纶岩体主要为条带状、片麻状细粒黑云母二长花岗岩（ηS_1），由于受到后期构造的影响，片麻状构造比较发育，其往往也为强烈风化，风化层较厚，可达 5～15m，为紫红色、灰黄色含石英砂土，砂感明显，黏手，石英多为他形－半自形粒状，且多发育石英脉体（风化后呈白色渣状砂），局部高岭土富集，其上植被通常非常发育，为茂盛的松树林、竹林及人工经济林（图 6-10）。

图 6-10　强风化片麻状黑云母花岗岩（泗纶岩体）

调查区西南部至北东部北东向出露的为那蓬岩体，岩性主要为中粒黑云母英云闪长岩＋片麻状细粒花岗闪长岩 [（$\delta o \beta + \gamma \delta$）$P_3$]、二长花岗岩（$\eta T_1$），也多强烈风化，其风化层一般在山脚、山腰处较厚，约 5～30m，多数约 5～15m，在山顶较薄，局部基岩出露。风化层为灰白色、灰黄色、浅紫红色含石英砂土，砂感明显，黏手，石英多为他形－半自形粒状，局部残留高岭石保存的长石假象，表面通常为紫红色，其上植被通常非常发育，为茂盛的松树林、竹林及人工经济林，如桉树林、肉桂林等（图 6-11）。

东南部为罗定盆地，主要出露白垩纪地层，可划分出罗定组和铜鼓岭组。罗定组其下部为紫红色细粒长石石英砂岩夹砾岩、中粒长石石英砂岩、粉砂质泥岩，上部为长石石英粉砂岩、钙质粉砂岩和砂岩。铜鼓岭组主要分布于围底镇北西侧一带，零星分布于河口镇望君山一带及筋竹镇西侧。主要岩性为紫灰、紫红色厚层状火山质砾岩、砾岩、砂砾岩、含砾砂岩、长石石英砂岩夹钙质粉砂岩、泥质粉砂岩、泥岩等。铜鼓岭组强烈风化，但全风化层较薄，一般 0.5～2m，为紫红色黏土、粉砂质黏土，夹少量灰白色渣状砂土，局部见杂色黏土层（图 6-12、图 6-13），但岩性推断较容易。

图 6-11　强风化黑云母二长花岗岩（那蓬岩体）

图 6-12　强风化紫红色粉砂岩（罗定组）及第四系　　　图 6-13　强－中等风化紫红色粉砂岩（罗定组）

　　石炭纪地层分布于罗定盆地东缘的围底镇一带，多被早白垩世红色碎屑岩或第四纪松散堆积物所覆盖。据岩性组成特点仅划分出一个地层单位，即连县组。连县组主要岩性为灰色中厚层状细晶白云岩、白云质灰岩夹少量灰黑色泥质灰岩。此地层为强风化，但保留的风化层极薄，一般 0.1～0.2m，风化后呈深灰色泥土层，植被多不发育，见少量松等乔木。从地形上看多为尖顶的山峰，喀斯特地貌明显，局部溶洞发育（图 6-14、图 6-15）。

　　风化层已经在基岩之上形成一个具有一定厚度、一定物理化学性质的地质体，而且与工程建设、地质灾害、表生矿产等息息相关。传统填图方法不但忽略了对风化层本身的研究，而且由于很难找到基岩露头，填图精度也难达到要求。具体来说，用传统方法在强风化区填图存在以下 6 个方面的困难：①岩性难识别；②界线难圈定；③路线难穿越；④精度难保障；⑤地层序列难完整；⑥公益性服务难到位（地质信息量少）。

图 6-14 石炭系连县组灰岩

图 6-15 石炭系连县组灰岩形成的喀斯特地貌

第二节 总体目标任务和研究内容

一、总体目标任务

充分调研总结国内外 1 ： 50000 填图方法和经验，系统收集分析工作区已有的地物化遥资料，参照《区域地质调查总则》（1 ： 50000）、《1 ： 50000 区域地质调查技术要求》

等有关技术要求，采用数字填图技术，开展 1 ： 50000 地质填图试点，查明区内地层、岩石、构造等特征。针对调查区强烈风化特点，选择有效的物探、化探、槽探和浅钻等技术手段，合理推断和查明强风化覆盖层的组成、结构、厚度及所指示的环境等信息，揭示强风化层下伏地层、岩石、构造、矿产等特征，编制基岩地质图。通过填图试点工作，探索强风化区 1 ： 50000 地质填图方法，研究总结强风化区地质调查方法技术和图面表达方式。完成 1 ： 50000 区域地质调查总面积 1894km^2。

二、研究内容

强风化区的研究内容包括：①地表第四系的地质结构；②强风化层的组成、结构、厚度；③强风化层下伏地层、岩石、构造、矿产等特征，尤其是断裂构造特征；④强风化层与下伏基岩的联系。

第三节　工作流程

本项目经历了立项、资料收集和预研究、野外踏勘、设计编审、野外填图、资料整理和野外验收、综合研究、成果评审和资料归档等基本流程。

对于强风化区的地质调查来说，首先梳理出需要调研的基本目标和基本内容，确定需要解决的关键地质问题，然后根据目标任务和研究内容的要求，沿着资料分析利用—地表地质调查—地球物理勘探—钻孔调查、验证相结合的工作思路开展工作。即在已有资料分析利用和地表地质结构调查的基础上，适度部署物探和钻探工作，以对强风化层及其下伏地质结构进行有效控制和约束。地球物理勘探工作首先需要开展物探方法实验，优选对强风化覆盖层地质结构、基岩岩性、构造等具有较强的识别能力且经济实用的方法组合；钻探工作以钻穿强风化层、钻达基岩为目标，以重点揭露并建立研究区内不同地质体不同风化程度的岩性特征及标准、验证地球物理勘探所揭示的地质结构为目的。工作流程遵循强风化区一般的技术路线或工作流程（图 2-1）。

第四节　主要实物工作量投入

为了达到上述调查目标，主要安排了以下实物工作量。

1. 地表 1 ： 50000 地质填图及剖面实测

充分利用遥感影像，合理安排野外调查路线和实测剖面。共完成遥感解译 1894km^2，1 ： 2000 实测地质剖面长度 50.0km，1 ： 5000 实测地质剖面 59.8km，1 ： 10000 实测地质剖面 39.7km，风化断面调查 70 处。

2. 地球物理勘探

为了揭示风化层的厚度、组成、结构等信息，以及下伏的岩石、地层、断层、矿体等的地质要素，在工作区内开展了多种地球物理方法试验，主要有浅层地震反射法、高密度电法、音频大地电磁测深法、探地雷达、伽马辐射能谱测量、重力和磁法剖面测量等，投入的主要实物工作量包括：高密度电法测量 5.370km，浅层地震反射法测量 7.002km，音频大地电磁测深法测量 7.300km，重力和磁法剖面测量 27.2km，地质－伽马能谱放射性－土壤地球化学综合剖面测量 15.2km。

3. 地球化学勘探

为了研究不同地质体在风化过程中元素的迁移规律，探索用矿物和元素恢复原岩的方法，如取样深度、定量化恢复，对 20 个风化断面进行地球化学勘探。为了建立基岩风化层和基岩的关联，提取基岩及风化层的特征信息，开展了地质－伽马能谱放射性－土壤地球化学综合剖面测量 15.2km，地质－地球化学剖面测量 44.1km，地质路线土壤剖面测量 30.3km。

4. 钻探

基于建立研究区不同地质体不同风化程度岩性特征标志剖面，调查风化层结构、厚度、物质组成及下伏基岩特征，以及给地球物理勘探提供参数及验证地球物理勘探效果的目的，累计实施了 113 个钻孔，主要采用 XY-100 和 TGQ-30 钻机完成，累计总进尺 2997.2m。此外还开展了便携式浅钻、槽型钻和洛阳铲等钻进手段的试验，未记入上述工作量。

第五节 具体工作部署

一、重点工作区部署

重点工作区主要分为强风化层解剖重点区和物探方法填图试验重点区。

1. 强风化层解剖重点区

强风化层解剖重点区在研究区的西部，以泗纶镇为基地。在区内选择工程开挖断面布置风化断面测量，研究各填图单位的风化层结构，系统采集化学样品。重点解剖泗纶岩体、那蓬岩体、云开岩群的风化层结构，研究风化层中化学元素和矿物的迁移，以及与基岩的关联情况。

在泗纶岩体、那蓬岩体中各布置至少 2 个标准孔，孔深以达到弱风化层为止，详细系统采集化学样品，划分风化层序列。

2. 物探方法填图试验重点区

物探方法填图试验重点区设在罗定盆地覆盖区以及北缘的那蓬岩体，以罗定为基地，为一区一带。一区是罗定以东地区，主要试验各种物探方法对覆盖层结构、接触界线、断层和下伏基岩的反映；一带为一条横穿那蓬岩体的北西向勘探线，主要试验物探方法对构造线和隐伏断裂的识别。在重点区分别开展浅层地震反射法、高密度电法、音频大地电磁测深法、探地雷达、伽马辐射能谱测量、重力和磁法剖面测量、综合气体测量等方法，建立地质－地球物理－化探－遥感等多源信息模型，识别覆盖层结构、构造，推断下伏地质体的组成、形状、规模、产状和范围等信息，结合适当的探槽、浅钻等轻型山地工程进行实地揭示验证，评价各物探方法的有效性。

在每条勘探线上，根据物探结果布置 2～3 个验证钻孔。

二、分阶段推进计划

项目工作时间为三年，总体安排大体可分为以下三个阶段（表 6-2）。

表 6-2　总体工作部署表

工作阶段		起止时间	主要工作内容
设计编审阶段	资料收集与综合整理	2014 年 1～2 月	组织项目组人员。收集地形图、前人地质测量及专题研究成果，对前人工作成果进行综合分析，明确调查区地质背景及存在的重大地质问题。进行遥感地质初步解译
	野外踏勘、设计编写与评审	2014 年 3～4 月	开展野外踏勘，初步查明调查区的主要地质体特征，了解风化情况，采集重要岩石标本，查明调查区的交通条件和自然地理特征；编制调查区地质草图，部署实物工作量，编制工作部署图
			4 月中旬，提交年度工作方案并完成评审
野外调查阶段	野外综合调查与研究	2014 年 5 月至2016 年 5 月	开展野外地质填图工作，原则上按照工作部署测制地质剖面，进行专项地质填图，采集相应的岩矿测试样品，实施必要的山地工程。编制实际材料图、地质图等图件
	野外验收	2016 年 6～8 月	对重要地质点进行重点检查，对前期野外收集资料进行最终汇总和质量大检查，编制野外阶段成果图件，进行野外验收
成果报告编审阶段		2016 年 9～12月	复查补课，编写成果报告，编制成果图件，进行成果验收

1. 设计编审阶段（2014 年 1～4 月）

1）资料收集与综合整理（2014 年 1～2 月）

广泛、全面地搜集前人在本区及邻区工作取得的成果资料，认真阅读，充分消化吸收。

2）野外踏勘、设计编写与评审（2014 年 3～4 月）

开展野外踏勘，完成对调查区交通条件、自然地理及地质背景的初步调查。进行主干路线穿越，采集具有代表性的岩石标本，并切制薄片，进行室内鉴定，把握调查区的总体地质情况。同时，结合地质内容、野外露头条件和交通条件，初步选择实测地质剖面位置。

在野外踏勘的基础上，结合前人资料及总体目标任务，编写项目年度工作方案。设计书要求做到目的明确、重点突出和层次清晰。采用的技术方法具可操作性和有效性，工作部署合理可行。

按照中国地质科学院地质力学研究所安排的时间进行年度工作方案评审，依照专家组的意见对年度工作方案进行修改后，提交最终年度工作方案。

2. 野外调查及验收阶段（2014 年 5 月至 2016 年 8 月）

1）野外综合调查研究与资料整理

野外地质填图应紧密围绕项目任务书与设计书的要求，通过采取路线调查、剖面测量、综合研究、采集配套的岩矿测试样品等多种手段，查明区内地层、岩石和构造特征。野外地质调查的同时，要及时对野外收集的资料进行整理总结，确保工作进度与质量同步推进。在筋竹圩幅和泗纶圩幅，对出露较好、地质现象丰富的地区开展地质填图工作的同时对物化遥资料二次开发，结合地质剖面和区域地质，对拟定的填图单位和特殊地质体，提取、优化物化遥等多源信息。分析东部连滩镇幅、罗定县幅等覆盖区的物化遥等多源信息数据，进行覆盖区与基岩出露区的物化遥信息的相关性研究，和隐伏的地质信息的解译和推断；对部分解译和推断结果开展验证，评价解译效果，总结创新经验，指导物化探资料的再解释。及时总结取得的地质成果，及时调整下一阶段的工作方案。

2）野外验收

全面检查实物工作量的完成情况，确保设计实物工作量的完成数量和质量。对原始数据资料进行综合整理后以纸介质形式打印。建立地质图空间数据库，编制数字地质图，提交野外工作小结和强风化区技术方法总结，及时组织专家组进行野外验收。

3. 成果报告编审阶段（2016 年 9 ～ 12 月）

1）复查补课、成果报告和分幅说明书的编写

经野外验收并按专家意见进行野外补课后，转入室内资料综合整理阶段。对区内地层、岩浆岩、变质岩、地质构造等各专题的野外一手资料和岩矿测试分析结果进行综合分析，归纳总结调查区内地质情况，挖掘并解决区内的重大地质问题，编写成果报告、分幅说明书及强风化区填图试点报告。

2）成果报告验收

及时进行成果报告验收。根据专家的修改意见对成果资料进行修改后，最终汇交资料。

第七章　基岩和风化层地质填图

第一节　方法选择及应用效果

一、遥感解译

1. 方法试验

本次填图试点中，将光学遥感与微波遥感相结合，对强风化层覆盖区的遥感解译采用遥感数据处理、野外调查与验证、室内再分析并相互反馈的工作流程。

使用的光学遥感数据为 Landsat 8 OLI 多光谱影像，共有 9 个波段，其中 5 个可见光 – 近红外波段（ $0.43 \sim 0.45\mu m$ ， $0.45 \sim 0.51\mu m$ ， $0.53 \sim 0.59\mu m$ ， $0.64 \sim 0.67\mu m$ ， $0.85 \sim 0.88\mu m$ ），2 个短波红外波段（ $1.57 \sim 1.65\mu m$ ， $2.11 \sim 2.29\mu m$ ），1 个卷云波段（ $1.36 \sim 1.38\mu m$ ），空间分辨率为 30m；1 个全色波段（ $0.50 \sim 0.68\mu m$ ），空间分辨率为 15m。使用的 Landsat 8 OLI 影像的获取时间为 2014 年 1 月 23 日，在冬季成像，且云量极少，有利于解译工作。

雷达影像选用 L 波段（中心频率 1.270GHz）的 ALOS-PALSAR 影像，其对植被和风化层有较强的穿透能力，同时所选择影像的获取时间尽量接近冬季，以减小植被的影响。所使用的 ALOS-PALSAR 影像空间分辨率为 $3.2m \times 8.3m$ ，有 HH 和 HV 两个极化通道，共使用了 2 幅影像以覆盖整个试验区，影像的获取时间为 2010 年 10 月 24 日、11 月 10 日。

对于 Landsat 8 OLI 多光谱影像，使用短波红外 – 近红外的伪彩合成图（R：短波红外 2；G：短波红外 1；B：近红外），并进行光学影像解译，结果见图 7-1，共解译出 15 个填图单位。

对调查区的 ALOS-PALSAR 双极化数据，其对应的相干矩阵为

$$\langle \boldsymbol{T} \rangle = \left[\begin{array}{cc} \langle |S_{HH}|^2 \rangle & \langle S_{HH}S_{HV}^* \rangle \\ \langle S_{HV}S_{HH}^* \rangle & \langle |S_{HV}|^2 \rangle \end{array} \right]$$

式中， S_{HH} 和 S_{HV} 分别表示两个极化通道对应的散射复数值，代表 HH 与 HV 这两个线性极化状态的散射信息，表示散射复数值的空间统计平均。 $\boldsymbol{T}$ 矩阵为 Hermitian 矩阵，它可以分解为

$$\langle \boldsymbol{T} \rangle = U \left[\begin{array}{cc} \lambda_1 & \\ & \lambda_2 \end{array} \right] \boldsymbol{U}^H$$

λ_1 ， λ_2 是 $\boldsymbol{T}$ 矩阵的实数特征值，满足 $\lambda_1 > \lambda_2$ ， U 是酉矩阵（上角 H 表示共轭转置）。对

双极化而言，λ_1 的值表示奇次散射，或偶极子散射，或奇次散射与偶极子散射共同作用这三类散射机制的强度，λ_2 的值则表示多次散射的强度。故根据上述极化分解的结果，可将地物总的后向散射系数分解为多次散射和其他散射两个部分。

为了更好地将地表极化特性表现出来，通过极化分解获取的特征值 λ 可合成伪彩色图，相对于后向散射灰度图而言，可提高对地层岩性的辨识度。将特征值 $\lambda_1 - \lambda_2$、λ_1、λ_2 分别作为 R、G、B 三个通道合成伪彩图（图 7-2）。

调查区雷达影像经过预处理之后，主要依据影像上地物的色调、色彩（极化伪彩合成）、纹理、几何形态等进行解译。

1）色调

地物介电常数越大，色调越亮；地表越粗糙，色调越亮。通过色调可识别目标地物的类型，因此色调是影像最重要的解译标志。通常对色调描述分为几类：①亮色调，主要是人工地物；②浅色调，主要是岩体、盐壳、劈理发育的山脊；③浅灰色调，浅色调中夹杂着灰色调，如大岩体中冲沟部分，地层中较平缓的部分等；④灰白色调，灰色调中夹杂浅色调，主要是地形较平缓的区域，地形起伏的影响占主导因素，如第四系的洪积砾石和沙等、洪积扇及山前坡积物等；⑤暗色调，地形起伏很小，平缓的表面使后向散射减小，雷达影像上呈现为暗色调，如第四系冲积砾石、砂和亚砂土的混合物；⑥黑色调，接近于发生镜面反射，后向散射几乎为零，多为水体、道路及平整的白泥地。

2）色彩

色彩是雷达影像极化伪彩色合成图的颜色表现。在本次解译中，红（R）、绿（G）、蓝（B）三个通道的值分别为 $\lambda_1 - \lambda_2$、λ_1、λ_2，含义为：红色表示奇次散射（或偶极子散射）与多次散射的差异，绿色表示奇次散射（或偶极子散射），蓝色表示多次散射。在合成之后，城区、罗定平原、第四系洪积物呈亮黄色到红褐色过渡，是因为这些区域主要由奇次散射主导，λ_1 很强而 λ_2 弱，故合成色主要由红和绿构成，即黄至红褐色；在有植被覆盖的高度风化地区——大部分山区和小部分罗定平原，则呈靛蓝色到青色过渡，是由于这些区域主要由多次散射主导，λ_2 很强而 λ_1 弱，故合成色主要由强蓝和弱绿构成，即青至靛蓝色。这些色彩的变化反映了地表散射机制的变化，同时与地层岩性相对应，与色调结合能提高可判读性。

3）纹理

纹理可以宏观地反映大面积出露的某种地物。

常见的纹理有：①条带状，主要有岩层层理构成的条带状影纹，如地层部分的条带状纹理。②树枝状，如花岗岩体表面的纹理，主要是由冲沟、山脊及山包所形成的。③斑块状，如闪长岩体。④褶皱群，一组褶皱排列的有规则的纹理，如按褶皱转折端排列的褶皱组，形成"U"形图案，呈圈闭或半圈闭的圆形、椭圆形、长条形并具明显对称性。

4）几何形态

几何形态是目标地物的轮廓在 SAR 影像上的构像，如河流为条带状、房屋为长方形及岩体有规则的平面几何形态等，地物的几何形态一般与图像的比例尺、分辨率有关，岩体的几何形态还与岩体的规模有关，如大多数侵入岩体常成圆、椭圆、脉状等，出露规模较大的侵入体，常具有环状、放射状等特征。

在上述雷达解译标志的基础上，联合解译识别的岩性种类要明显多于单使用光学解译，由 15 类增加至 26 类。其中，联合解译对花岗岩识别的提升最为明显，主要分布在调查区

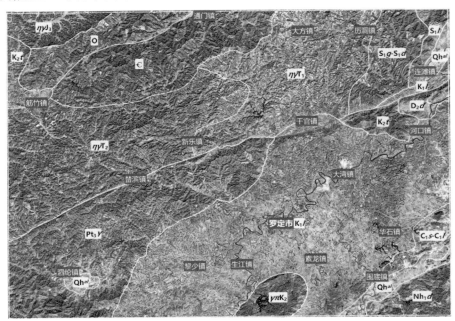

图 7-1　Landsat 8 OLI 多光谱影像的岩性解译结果

（底图为伪彩合成图，R：短波红外 2；G：短波红外 1；B：近红外）

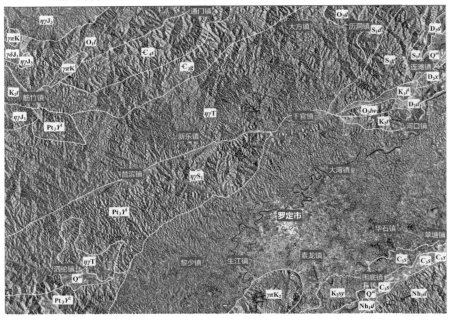

图 7-2　ALOS-PALSAR 极化伪彩合成图联合 Landsat 8 OLI 多光谱影像的岩性解译结果

（底图为 ALOS-PALSAR 极化伪彩合成图，R：$\lambda_1 - \lambda_2$；G：λ_1；B：λ_2）

西部和北部的低山山地地区，呈斑块状分布的侵入岩 $\gamma\pi K$ 与 $\eta\gamma J_3$ 在光学影像中受强风化层的影响无法识别，而在结合雷达影像后，L 波段电磁波具一定的穿透能力，使之能够判读识别（图 7-3）。另外，调查区东北和东南区域岩性识别的提升亦较为明显，给出了东南局部区域的放大对比（图 7-4），从中可看出岩性接近的 C_1s 和 C_1l 在光学影像中有部分区域边界难以区分，与雷达联合判读后得以识别，而且 Qh^{al} 的边界更为清晰合理；同时 K_1l^1 和 K_1l^2 的边界在综合判读后亦可划分（图 7-4）。

图 7-3　西北局部区域解译结果放大对比（左：联合解译结果；右：光学解译结果）

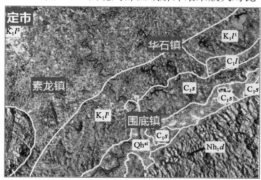 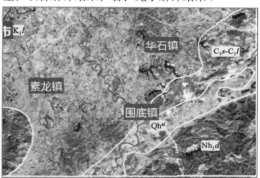

图 7-4　东南局部区域解译结果放大对比（左：联合解译结果；右：光学解译结果）

通过对比调查区岩性解译结果在使用联合解译前后的部分变化情况，可见联合解译对风化条件下侵入岩以及同地质时代相似地层单位的识别能力有一定的提升（表 7-1）。调查区内主要地层单位和侵入岩单位的微波遥感影像解译标志分别总结于表 7-2 和表 7-3。

表 7-1　使用联合解译前后，岩性解译结果变化部分列表

序号	光学解译	联合解译	备注
1	K_2t	$\gamma\pi K$	调查区西北角，$\gamma\pi K$ 呈斑块状分布
2	O	$\eta\gamma J_3$	调查区西北角，$\eta\gamma J_3$ 呈斑块状分布
3	ϵ	$\epsilon_3 g$，$\epsilon_4 s$	调查区西北部，呈条状分布，区分水石组和高滩组
4	K_2t	O_1l，K_2t	调查区东北部，区分奥陶组和铜鼓岭组
5	S_1g-S_1d	S_1g，S_1d	调查区东北角，区分古墓组和大岗顶组
6	Pt_3Y	$\eta\gamma S_1$	调查区中部，$\eta\gamma S_1$ 呈斑块状分布
7	C_1l	C_1l	调查区东南角，确定连县组

表 7-2 调查区地层单位微波遥感影像特征

地层单位	代号	特征影像	微波遥感影像特征
冲积层	Qh^{al}		主要分布于罗定盆地、连滩、泗纶等地，微波极化伪彩合成图像上整体呈褐黄色，掺杂深蓝色斑点（植被），影纹图案呈格子状、斑块状
铜鼓岭组	K_2t		分布于罗定盆地东北边部，呈小块状山体，发育树枝状、平行状水系，冲沟切割较深，微波极化伪彩合成图像上整体呈亮蓝色，覆盖植被，影纹图案呈树枝状
东岗岭组	D_2d		分布于连滩南部一带；微波极化伪彩合成图上，呈北东向长条状或块状山体，水系稀疏，微波极化伪彩合成图上呈亮蓝色，可见大块阴影
信都组	D_2x		紧邻连滩，分布在其东南部，地势平坦，分布有少量残丘；微波极化伪彩合成图上呈亮黄棕色，掺杂有少量暗淡蓝色斑点，可见点状阴影分布
连滩组	S_1l		分布于连滩镇北—西侧一带；OLI红外图上，呈北北东向的条状山体，水系稀疏；微波极化伪彩合成图上呈亮蓝色，见山体阴影、沟壑，纹理呈密集的叶脉状
古墓组	S_1g		分布于历洞镇与连滩镇之间山地的东部和东南部区域；呈北西向的条状与块状山体，水系呈北西走向；微波极化伪彩合成图上呈蓝色，分布有浅黄色斑块，可见大块的山体阴影
大岗顶组	S_1d		分布于历洞镇与连滩镇之间山地的西部区域；呈北西向的破碎条状山体，与S_1g的山体走向存在北东向错位；微波极化伪彩合成图上呈蓝色，分布有曲回的沟壑

续表

地层单位	代号	特征影像	微波遥感影像特征
东冲组	O_2d		分布于历洞镇西边，地势低洼，山体细长，北西走向，与沟壑交错排列；微波极化伪彩合成图像上整体呈深蓝色，与细条状的阴影和褐黄斑块交错
罗洪组	O_1l		分布于筋竹镇北—东侧一带；呈北东向连续分布山体，植被覆盖茂密，纹理主要呈北西与北东走向；微波极化伪彩合成图像上呈亮蓝色，分布有黄色细小斑点
水石组	ϵ_4s		分布于筋竹镇北—东侧；呈北东向连续分布的大型块状山体，山脊呈尖棱状，植被覆盖茂密，纹理主要北西与北东走向；微波极化伪彩合成图像上呈亮蓝色，分布有树枝状阴影
高滩组	ϵ_3g		分布于筋竹镇东侧一带，呈连续分布的小型块状山体，主要呈北东向分布，植被茂密；发育树状水系，密度一般；微波极化伪彩合成图像上呈蓝色，较ϵ_4s暗淡，分布有黄褐色斑块
大绀山组	Nh_1d		分布于罗定盆地东南边缘，地貌上呈正地形，山体呈北西走向；微波极化伪彩合成图像上，呈小块状山体，水系稀疏；微波极化伪彩合成图像上呈灰蓝色，分布有黄褐色斑块
云开岩群第一岩组	Pt_3y^1		分布于罗定盆地西北侧，呈连续分布的块状山体，中低山地貌，地形切割深，山脊多呈尖棱状，植被茂密；发育树枝状、平行状、羽状水系，冲沟多呈"V"形谷；微波极化伪彩合成图像上呈蓝色；纹理图案为块状、条纹状，方向以北西向为主
云开岩群第二岩组	Pt_3y^2		分布于罗定盆地西侧、泗纶镇以南，呈大型块状山体，相对高度较高，植被茂密；微波极化伪彩合成图像上呈亮蓝色，纹理图案为块状

表 7-3　调查区侵入岩单位微波遥感影像特征

地层单位	代号	特征影像	微波遥感影像特征
白垩纪花岗斑岩	$\gamma\pi K$		位于罗定盆地南部，在筋竹镇北部亦有零星分布；微波极化伪彩合成图像上呈椭圆形，岩体呈正地形出现于白垩纪红层中，与围岩界线清楚；岩体中线性构造发育，影像色调呈灰蓝色，在图上形成明显的色调异常区
晚侏罗世二长花岗岩	$\eta\gamma J_3$		位于筋竹镇北部，地貌上表现为负地形，地势低洼，岩体边部为环形或弧形山脊，围岩则呈突起的正地形；岩体内呈丘陵地貌，地形较和缓，山体呈小块状或长条状；发育稀疏－中等密度的树枝状水系，冲沟切割较浅；影像色调呈蓝色或灰黄色相间，亮度中等，影纹图案为脑纹状
早侏罗世二长花岗岩	$\eta\gamma J_1$		位于筋竹镇西南部，岩体边部为环形或弧形山脊，地貌上为正地形，围岩则呈突起的正地形；岩体内山体呈块状，冲沟切割中等；影像色调呈蓝色，亮度中等，有黄色斑点分布
早侏罗世花岗闪长岩	$\gamma\delta J_1$		位于筋竹镇西北方向，地貌上表现为负地形，岩体内部地势低洼，山体呈小块状，冲沟切割较浅；影像色调呈蓝色与黄褐相间，影纹图案为斑点状
三叠纪二长花岗岩	$\eta\gamma T$		沿北东向罗定－广宁断裂北西侧分布，呈连续展布的大型块状山体，地貌上表现为正地形，低山地貌，水系发育，水系类型以树枝状为主，水系密度大；影像色调呈蓝色－深蓝色，影纹图案呈脑纹状

2. 方法评价

在植被茂密的南方强风化地区利用 ALOS-PALSAR 双极化合成孔径雷达影像与 Landsat 8 OLI 多光谱影像进行联合解译，结果表明，联合解译能够有效提升可识别岩性的种类，可以在南方强风化区填图中进行尝试推广（裴媛媛和邓飞，2016）。此外，采用多源遥感数据的组合进行解译是进一步研究的方向。在遥感解译过程中，可以与物化探推断结果相互印证，并采取必要的野外地表调查和揭露工程（浅钻、浅井等）进行验证，反馈、修正遥感解译结果。

二、地表地质填图

（一）对风化层的调查

风化层主要调查其结构、组成、厚度、矿物元素迁移、次生成矿（稀土、陶土和铝土矿）、分布（规律）、控制因素、形成机理等。选取各填图单位典型的风化断面，精细测制风化断面。从上到下依次划分为残积土、全风化层、强风化层、中风化层、弱风化层和基岩层，并详细描述其各自的特征，分析残积土、各风化层、基岩之间的变化规律，并在残积层、全风化层、强风化层中提取有关基岩的判断标志。

在填图过程中，要详细观察、描述每个点上的风化情况，按照风化调查表格（如附录A）进行详细记录，编制风化断面结构图（图7-5、图7-6）。在此基础上，通过统计各记录点的风化层厚度、组成、结构等信息，编绘整个工作区的风化层厚度图（图7-7），通过风化土类型编制风化层地质图，进而研究风化层的分布规律、控制因素和形成机理等。

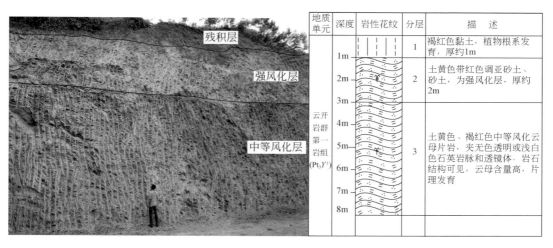

图 7-5　云开岩群风化断面结构图

（二）对风化层下伏原岩的调查

首先充分利用天然露头和人工开挖剖面，对覆盖物厚度在 5m 以内的可以采用槽型钻（洛阳铲）取样识别，对于风化层较厚的采取残积物恢复原岩的方法，关键地段可以用适当的浅钻。残积物恢复原岩的方法主要包括岩性法、矿物法和元素法，都是通过浅部残积物样品的岩性、矿物（矿物组合）和元素（元素组合）来推断深部原岩的方法，但其中存在的问题是样品的代表性、取样深度、指示矿物组合和指示元素组合。一般深度越大，越接近基岩，其代表性越高，但成本越高。

为了获取风化层中可以代表其原岩的样品深度、矿物组合和元素组合等参数，可以通

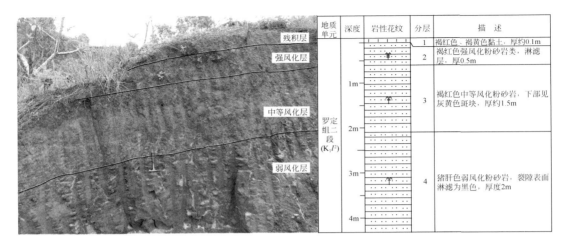

地质单元	深度	岩性花纹	分层	描 述
罗定组二段（K₁I²）	1m 2m 3m 4m		1	褐红色、褐黄色黏土，厚约0.1m
			2	褐红色强风化粉砂岩类，淋滤层，厚0.5m
			3	褐红色中等风化粉砂岩，下部见灰黄色斑块，厚约1.5m
			4	猪肝色弱风化粉砂岩，裂隙表面淋滤为黑色，厚度2m

图 7-6 罗定组风化断面结构图

厚度/m

图 7-7 调查区风化层厚度等值线图

过风化断面（垂直风化剖面）和浅钻取样分析，统计、计算相关性来得到。以矿物法为例，其方法如下：

（1）选择某一强风化地质体的典型风化断面，从地表腐殖层以下到基岩，按照一定的间距（如 50cm）取样，制片。

（2）统计各片的矿物组成和含量。

（3）把每片的分析结果与未风化基岩比较，进行相关性分析。

（4）从下到上筛选，确定深度最浅而且其矿物组合与原岩相关的样品，称为标样。

（5）标样的矿物组合就是判断该类风化地质体原岩的矿物标志，标样的深度就是利用矿物法采样对深度的最低要求。

此方法的效果受样品量数据大小的控制，区域范围内岩性单元的数量越多，可信度越高，然后可推广使用。

风化残积土（风化土）是野外填图中强风化层覆盖区地表最能够直接观测、易于采集的测试分析样品，是建立风化土与基岩之间的关联性，进行下伏基岩岩性推断最直接的调查研究对象。同时，风化土是基岩经历了复杂的物理、化学和生物风化作用形成的高级风化产物，相对基岩，其物质组成、结构构造、物理性质、力学性质发生了巨大变化，化学元素发生了重新分配。人类开展农业生产、工程建设等活动也多是直接以风化土为载体，因此，针对风化残积土层的调查在风化层调查工作中最为重要。

理论上，由于原岩矿物组成的差异，不同岩石风化土中风化矿物（包括残余矿物和新生矿物）在种类和含量上都会有一定差别。土中的矿物特别是黏土矿物，直接影响着土壤的结构和性能。例如，具有不同物质组成类型的土具有不同的吸附性，脱水、复水性能，膨胀、收缩性能，可塑性能和离子交换性能等。此外，土的物质组成与力学指标具有密切联系。对风化土进行物质组成的分类，无论从下伏岩性推断还是从力学性质调查角度，都具有重要的意义。本次试点工作采用土壤薄片法对风化层及下伏原岩开展了调查研究，介绍于下。

1. 土壤薄片法试验

首先选择工作区有代表性的岩性，然后选择有基岩或中等风化基岩出露的风化断面，采集残积土样，进行切片，并在镜下观察和鉴定。目的是建立残积土与基岩的物质组成联系。

在调查区开展地质调查的过程中，选择岩性有代表性且出露好的岩土边坡断面，除重点描述风化层的变化特征，还要从风化土的颜色、组成、结构、构造、所附植被等方面对残积土进行详细描述。并利用环刀取土、铝盒装土，尽可能保证土的原状无扰动，采集原位风化土并制成土壤薄片（图7-8）进行镜下观测，查明不同岩石风化土的残余矿物组成；

图 7-8　土壤薄片取样及制片

通过采集样品进行 X 射线衍射（XRD）分析，查明风化产物中矿物（主要指黏土矿物）组成。

野外调查中为了对土的结构和构造进行描述，引用了岩土工程专业定义，现简述如下：

土的结构，指组成土的土粒大小、形状、表面特征、土粒间的联结关系和土粒的排列情况。土的结构包括单粒结构、蜂窝结构、絮状结构等。单粒结构：粗矿物颗粒在水或空气中在自重作用下沉落形成，土粒间存在点与点的接触。蜂窝结构：土粒间点与点接触，由于彼此间引力大于重力，接触后，不下沉而形成链环单位，很多链环联结起来，形成孔隙较大的蜂窝状结构。絮状结构：细微黏粒大都呈针状或片状，质量极轻，黏粒互相接近，凝聚成絮状物下沉，形成孔隙较大的絮状结构。巨粒土和粗粒土常具有单粒结构，细粒土具有团聚结构（包括蜂窝结构和絮状结构）。

土的构造，指在一定土体中，结构相对均一的土层单元体的形态和组合特征。土的构造主要包括层状构造、分散构造、结核状构造、裂隙状构造、骨架状构造等。层状构造：土层由不同颜色、不同粒径的土组成层理。层状构造是细粒土的一个重要特征。分散构造：土层中土粒分布均匀，性质相近，如砂、卵石层为分散构造。结核状构造：在细粒土中掺有粗颗粒或各种结核，如含砾石的粉质黏土。裂隙状构造：土体中有很多不连续的小裂隙。有的硬塑与坚硬状态的黏土为此种构造。骨架状构造：区内为灰岩所特有，形似骨架或蜂窝，发育密集的孔洞。

工作区内主要岩性风化土特征总结如下：

千枚岩风化土多呈黄色－褐色，由黏土矿物及石英砂为主组成，夹有少量中等风化云母石英片岩、千枚岩碎块，絮状结构，分散构造，局部结核状构造（图 7-9）。千枚岩风化土基质由黏土组成，镜下可见有大量的石英碎屑颗粒，粒度集中在小于 0.1mm，少量 0.3～0.5mm（图 7-10）。

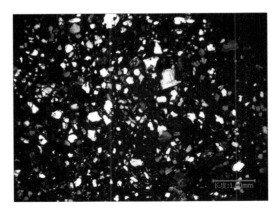

图 7-9　D5801 千枚岩风化断面及取样　　　　图 7-10　D5801 单偏光镜下特征

变质长石石英砂岩也属于一类较易发生风化作用的岩石类型。腐殖层呈灰褐色、红褐色、土黄色，主要成分为黏粒土和砂粒土，植物根系发育。残积土呈褐红色，蜂窝状结构，结核状构造，主要成分为黏土和石英砂粒。

云母石英片岩腐殖层呈灰黄色、灰色，由黏粒、砂粒和砾组成，发育大量植物根系。变质砂岩在镜下，除黏土构成基质外，碎屑组成主要为石英，偶见云母碎片和岩屑。石英碎屑多在 0.1 ～ 0.3mm，少数在 0.5 ～ 1mm，多呈棱角状至次棱角状（图 7-11）。残积土呈黄褐色、红褐色、黄白色、紫灰色，呈蜂窝状结构，分散状构造，局部为结核状构造，主要由黏粒、砂粒及石英质砾石组成（图 7-12）。

 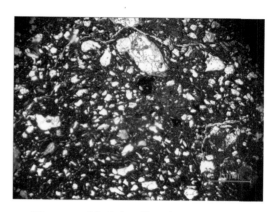

图 7-11　前泥盆纪石英片岩风化断面特征　　　　图 7-12　石英片岩风化土单偏光镜下特征

泥质板岩由于较致密坚硬，风化层厚度一般较薄。腐殖层呈红褐色、土黄色、灰黑色，主要成分为黏粒土，植物根系发育。残积土呈褐红色、土黄色，蜂窝状结构，结核状构造，主要成分为黏土。

花岗岩类岩石在调查区内分布面积较广，约占图幅面积的 30%，主要包括二长花岗岩、花岗闪长岩和花岗斑岩等。花岗岩类岩石由于含有大量的长石、黑云母、角闪石等抗风化程度较弱的矿物，使得岩石总体极易遭受化学风化而形成较厚的风化层，是最常见的强风化区的岩石类型。

二长花岗岩的腐殖土多呈灰色、灰黄色，主要由黏粒组成，含少量的砂粒，具絮状结构，总体具分散构造。残积土呈灰白色、浅黄白色，主要由黏粒组成，其次为含石英中细砂粒，粒度直接取决于基岩粒度的大小。土多具絮状结构，分散构造。

镜下（D5802）风化土由黏土构成基质，石英碎屑多在 0.1 ～ 1mm，且较大的石英颗粒多因物理风化支离破碎（图 7-13）。D4204-1 镜下还可见风化形成的白云母和蚀变长石，基本保留了岩石中的矿物形态（图 7-14），即假象。

由于暗色矿物含量稍高，混合花岗岩和花岗闪长岩的腐殖层多呈褐红色、黄褐色，主要成分为石英质砂粒，其次为黏土和暗色腐殖质。残积土多呈土黄色、红褐色，蜂窝状结构，结核状构造，主要成分为粉粒，见大量的石英颗粒。总体风化色稍深偏暗，其余特征与花岗岩类似（图 7-15）。

　　细粒花岗闪长岩在镜下（D3403）同样由黏土构成基质，石英颗粒多为粒状，风化破碎，粒度多在 1 ～ 2mm。由于取样位置靠近基岩，风化程度相对较弱，残留了较多的长石和云母矿物，粒度多在 0.5 ～ 1mm（图 7-16）。花岗岩类岩石风化产物的镜下特征与变质沉积岩表现出明显差别。因此，通过宏微观特征鉴别花岗岩类和浅变质地层效果较好。

图 7-13　D5802 二长花岗岩风化土
单偏光镜下特征

图 7-14　D4204-1 花岗岩风化土
正交偏光镜下特征

图 7-15　花岗闪长岩风化断面（D3403）

图 7-16　D3403 花岗闪长岩风化土
正交偏光镜下特征

　　混合岩的腐殖层多呈黄灰色、灰色，由黏粒、砂粒和腐殖质组成。残积土呈花斑状，主要可分为两种：一种呈黄褐色、少量黄白色，具蜂窝状结构，结核状构造；另一种为紫红色，多具团块状，条带状构造。紫红色土稍致密，其中石英颗粒数量和粒度较花岗岩都明显偏少偏小（图 7-17）。

　　以灰岩为代表的碳酸盐岩腐殖层呈灰色、黄灰色，由黏粒为主，含少量砂粒和粉粒。絮状结构，分散或骨架构造。残积土呈褐红色，基本由黏粒组成（图 7-18）。

　　白垩纪细碎屑岩地层总体风化程度较弱，风化土薄，多在 0.15 ～ 1m。紫红色泥岩腐殖层呈红褐色、褐色，主要成分为黏粒土，发育大量植物根系。残积土呈紫红色、砖红色，絮状结构，分散构造，主要矿物成分为黏土矿物，含少量石英粉粒（图 7-19）。

白垩纪砾岩腐殖层呈灰黄色、黄红色，在地表局部不发育，可以直接见到残积土，主要由黏土、砂、砾石、根系及腐殖质等组成。厚度不均一，发育松木等乔木。残积土呈砖红色、黄红色，蜂窝状结构，结核状构造，主要由黏粒、砂粒及砾石组成，其中砾石成分主要为石英质、变质砂岩，磨圆较好（图7-20）。

图7-17　混合岩风化特征

图7-18　灰岩的风化层特征

图7-19　白垩纪红色碎屑岩风化特征

图7-20　白垩纪砾岩风化特征

2. 方法评价

通过对调查区内的风化断面调查，发现区内不同岩性风化土的宏观特征具有一定的差异性和可分类性，在物质组成、颜色、结构、构造等方面均可以进行岩石类型的初步分类。不同岩石类型的矿物和结构差异决定了其具有不同特征的风化土。风化程度中等情况下（中等风化），原地风化土中残留的弱风化岩石碎块是判断下伏基岩的直接证据；风化程度较高情况下（强风化和全风化），无残留岩石碎块的风化土总体具有如下特征：白垩纪细碎屑岩的风化土普遍较薄，在无人工活动改造地区，即便是被薄的风化层覆盖，风化土也具有特殊的紫红色、酱紫红色，与其他岩类的风化土较易区分；板岩由于经泥质岩石轻微重结晶，岩石致密，抗风化能力较强，风化层通常较薄，风化土颜色呈暗绿色；变质砂岩风化土通常较厚，多呈土黄色、红褐色，其中含有较多砂级的石英颗粒；片岩和千枚岩通常风化呈褐红色、棕红色，土质细腻，黏性较高；酸性花岗岩类岩石风化土多呈浅黄色、黄白色，含大量粗石英颗粒；偏中性花岗岩类岩石由于铁镁矿物含量的增加，风化土颜色相比较深，也以含有较多的粗石英颗粒与变质地层大致区分；混合岩风化土特征介于花岗岩类和变质地层之间，区分难度较大；碳酸盐岩风化土具有特征的蜂窝状结构。

土壤薄片中石英的含量、粒度、黏土矿物的种类、其他特征矿物（如长石、云母、角闪石等）的存在等是推断原岩的重要特征，此方法简单可行，可以推广。存在以下问题：①此方法为制片显微观察，周期稍长，成本也较高。②采样深度较浅，影响因素较多，也存在多解性，可考虑结合槽型钻，加大采样深度。③一般而言，薄片中石英含量较高，粒度较均匀，一般来自碎屑岩或变质岩；而花岗岩等岩体中，石英的含量相对要少一些，颗粒粒度也不均匀，可在宏观中应用。

此方法为薄片微观和宏观观察经验的总结，需要在实践过程中不断地总结规律，并不断验证。在熟悉区域地质情况后，可推广使用。

（三）对地质界线（含隐伏断裂）的调查方法

对于强风化区的地质界线采取推断—评价—验证的工作过程。

首先，根据遥感解译图、地球化学元素等值线图和物探解释图，对地质底图中的界线的可信度和精度进行评估。根据工作程度和资料解释的吻合度不同，把界线划分为完全可信、可信度高、可信度不高三种界线。

对有足够数量控制点（详细观察、记录过且每个点岩性、产状、照片等资料比较齐全的点）的界线，评价为完全可信的界线，可以当作已知界线；对有控制点，但密度不够，且与遥感、物探解释界线比较吻合、与地球化学元素等值线比较协调的界线，可划分为可信度高的界线，可以选取少量点验证或修正。对控制点少，或没有控制点，与遥感、物探解释界线和地球化学元素等值线中的其中之一比较吻合或协调的界线划分为可信度不高界线，要重点调查。

对于可信度不高的界线，根据交通、植被等具体情况，在线上选取有效的调查点，即将线上的问题转移到若干点上的问题，确定调查点。根据调查点布置调查路线，在选择调查方法上以地质风化剖面等地质方法为首选，无法达到目的则用轻型山地工程、浅钻等揭露。

三、地球物理探测

地球物理方法试验主要选择了浅层地震反射法、高密度电法、音频大地电磁测深法、探地雷达、伽马辐射能谱测量、重力和磁法剖面测量等方法。

（一）浅层地震反射法、高密度电法、音频大地电磁测深法测量及方法评价

开展试验研究了浅层地震反射法、高密度电法、音频大地电磁测深法在探测强风化区

风化层的厚度、结构，以及隐蔽地质界线识别等方面的效果。

1. 方法试验

在工作区东南部风化层覆盖区总体沿北北西走向（垂直主要填图单位）布设了测量剖面，另外选取了一些界线和有钻孔控制的点进行试验。试验总共 6 条线、2 个点，在约 10km 的勘探线上采用了三种物探方法。具体所用的物探方法、测线名称见图 7-21，坐标和测线长度见表 7-4。

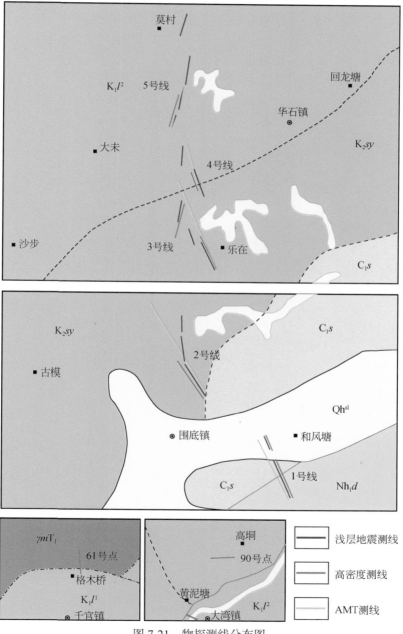

图 7-21　物探测线分布图

表 7-4 物探测线起点和终点坐标

物探方法	测线名称	起点经纬度	终点经纬度	测线长度 /m
浅层地震反射法	1a	22°41′41.548″N 111°41′14.357″E	22°42′04.116″N 111°41′03.946″E	736
	1b	22°42′10.963″N 111°41′01.085″E	22°43′18.518″N 111°40′57.912″E	264
	2a	22°42′42.028″N 111°40′21.447″E	22°43′01.140″N 111°40′08.627″E	645
	2b	22°43′03.492″N 111°40′08.896″E	22°43′18.095″N 111°40′05.852″E	493
	2c	22°43′20.718″N 111°40′06.102″E	22°43′30.143″N 111°40′06.307″E	316
	3a	22°43′48.103″N 111°40′03.958″E	22°44′08.676″N 111°39′53.079″E	703
	3b	22°44′07.220″N 111°39′48.187″E	22°44′17.840″N 111°39′44.117″E	377
	3c	22°44′22.600″N 111°39′36.732″E	22°44′37.594″N 111°39′38.616″E	494
	4a	22°44′40.835″N 111°39′54.180″E	22°45′00.652″N 111°39′47.327″E	679
	4b	22°45′04.463″N 111°39′38.749″E	22°45′15.683″N 111°39′39.781″E	376
	5a	22°45′28.638″N 111°39′31.230″E	22°45′36.925″N 111°39′34.268″E	254
	5b	22°45′41.712″N 111°39′36.762″E	22°45′58.608″N 111°39′40.026″E	553
	5c	22°45′59.054″N 111°39′41.090″E	22°46′18.723″N 111°39′45.268″E	617
	5d	22°46′33.245″N 111°39′37.568″E	22°46′47.906″N 111°39′42.483″E	498
合计				7002
高密度电法	1a	22°41′42.091″N 111°41′14.129″E	22°42′03.173″N 111°41′03.953″E	740
	1b	22°42′10.095″N 111°41′01.476″E	22°42′18.306″N 111°40′57.960″E	280
	2a	22°42′41.488″N 111°40′21.681″E	22°43′01.129″N 111°40′04.737″E	790

续表

物探方法	测线名称	起点经纬度	终点经纬度	测线长度/m
高密度电法	3a	22°43′50.264″N 111°40′03.667″E	22°44′13.084″N 111°39′53.267″E	790
	3c	22°44′11.654″N 111°39′34.358″E	22°44′35.227″N 111°39′40.958″E	760
	4a	22°44′45.175″N 111°39′52.145″E	22°44′57.721″N 111°39′48.499″E	400
	5a	22°45′26.717″N 111°39′32.207″E	22°45′51.426″N 111°39′37.522″E	770
	61	22°53′12.465″N 111°35′20.588″E	22°53′26.827″N 111°35′17.873″E	450
	90	22°50′14.184″N 111°38′06.465″E	22°50′13.350″N 111°37′53.115″E	390
合计				5370
音频大地电磁测深法	1	22°41′41.991″N 111°41′14.129″E	22°42′16.261″N 111°40′54.500″E	1300
	2	22°42′42.706″N 111°40′22.771″E	22°43′38.145″N 111°39′45.962″E	2000
	3	22°43′50.264″N 111°40′03.667″E	22°44′51.525″N 111°39′36.397″E	2000
	4	22°44′45.175″N 111°39′52.145″E	22°45′16.411″N 111°39′43.006″E	1000
	5	22°45′26.717″N 111°39′32.207″E	22°45′58.214″N 111°39′39.109″E	1000
合计				7300
总计				19672

浅层地震：本次勘查根据目标层埋深多数在100m以内，采用浅层地震反射法。浅震叠加剖面为连续CDP（共中心点地震道道集动校正后的叠加）的插值反映，通过同相轴（同相位波峰或波谷的连线）的形态可以反映地层的连续情况，第一条同相轴通常认为是覆盖层与岩体的反射，反射相位的连续或错断对应地层的发育或错断。根据调查区内施工条件，采取人工锤击激发震源。基本采集参数如下：6次覆盖观测系统，采样间隔0.5ms，

24 道接收，道间距 5m，炮间距 10m，偏移距 20m，CDP 间距 2.5m。

浅震数据处理分为真值恢复、频谱分析、干扰压制（一维滤波，二维滤波）、反褶积、速度分析、高精度动校正与叠加、叠后滤波、偏移归位、人机交互解释几个步骤。其中真值恢复为消除大地滤波作用和球面扩散影响，使反射波恢复真实能量；频谱分析为获取有效信号频带；滤波为消除与有效波存在频率差异的干扰波，获得真实的信号数据；高精度动校正与叠加为消除正常时差影响，获取时间剖面；叠后滤波为进一步提高记录信噪比；偏移归位为使反射波正确归位，提高横向分辨率；人机交互解释为对偏移归位时间剖面进行地质综合解释，并进行时深转换和获取深度成果剖面。

高密度电法：其电阻率断面图为反演的电阻率值随空间位置的分布图，分布图中从左向右为测线的布设方向，从上到下为深度方向，红色表示相对高阻值，蓝色表示相对低阻值，色标渐变或突变的区域即为电阻率值变化的区域，因此通过观察色标的变化来解释地层或岩体电阻率值的变化，进而说明岩性的变化。通常情况下，由于纵向上覆盖层与岩体的电阻率值差别较大，而横向上岩性电阻率值渐变较小，断面图反映出的是电阻率值纵向变化较为明显，横向变化较为缓慢。高密度电法的装置类型比较多，其中温纳装置因其抗干扰能力强、数据采集稳定快速，对地下介质垂向电性结构变化敏感而被广泛采用。

本次试验使用的高密度电法仪为美国 AGI 生产的 SuperStingR8/IP，该仪器具有八通道模式，与传统的单通道仪器最大的不同点就是，在每一次供电的时候，AGI SuperStingR8 都可以同时在八道上测量电位差，比单通道仪器野外数据采集快很多倍（约为 8 倍），大大减少了测量时间。

高密度野外采集的数据记录是包含大地和外界干扰影响的原始数据，并且同观测系统参数及地面起伏有关，为了获得可用于地质解释的真实反映地层特性的成果剖面，需要进行相关的数据预处理和反演。采集得到的数据利用 EarthImage2D 软件处理，通过最小电压、最小电阻和最大重复误差来剔除噪声信号，正演方法采用有限元方法，近似求解方法采用 Cholesky 分解，边界条件选择 Dirichlet 方法，反演算法采用阻尼最小二乘方法，经过多次迭代，得到电阻率反演断面。

音频大地电磁测深法（AMT）：不受高阻层屏蔽影响，通过单点电阻率曲线和电阻率 – 深度剖面图，它可以清楚地反映地下介质电阻率的变化情况。

AMT 的勘探深度定义为：$h=356\sqrt{\dfrac{\rho}{f}}$（m），式中，$\rho$ 为电阻率（$\Omega \cdot m$），f 为频率（Hz）。

根据 EH4 的系统配置，低频率配置 0.1Hz～1kHz 的勘探深度在 100m 到 2000m，高频率配置 10Hz～100kHz 的勘探深度为几十米到 1000m。本次 EH4 数据采集工作采用 40m 点距进行点测，X 方向电极和 Y 方向电极垂直布置，电极距离采用 40m，磁棒布置在垂直的两个方向上，埋入地下至少 5cm 深。

EH4 音频大地电磁数据处理包括数据预处理、曲线校正和地形校正、数据反演、资料解释。野外采集的时间序列数据进行预处理后，在现场进行快速傅里叶变换（FFT），获得电场和磁场虚实分量和相位数据。对预处理的数据进行一维 Bostic 反演，在一维反演的基础上，利用 EH4 系统自带的二维成像软件进行快速自动二维电磁成像，获得地下二维电性特征分布。EH4 的资料解释应根据初步建立的地质 - 地球物理模型，对全调查区 AMT 测深曲线类型进行分析、对比，总结相同类型曲线分布特征，了解构造分区地电规律。通过类比法和模型对比法进行定性解释，同时定量解释要尽可能利用调查区内收集的地质资料、岩石物性参数以及其他物探方法资料作为约束条件和先验控制信息，并利用定性解释的分析结论或认识建立反演初始模型，从而减少定量反演的多解性问题。常见岩石的电阻率范围见表 7-5。

表 7-5　常见岩石的电阻率范围

岩石电阻率 /（Ω·m）							
黏土	0.1～10	花岗岩	100～100000	泥质板岩	10～1000	咸水	0.1～1
泥岩	10～100	正长岗	100～100000	结晶片岩	100～10000	海水	0.1～10
粉砂岩	10～100	闪长岗	100～100000	大理岩	100～100000	河水	10～100
砂岩	10～1000	辉绿岩	100～100000	片麻岩	100～10000	潜水	＜100
砾岩	10～10000	玄武岩	100～100000	石英岩	100～100000	雨水	＞100
石灰岩	10～10000	辉长岩	100～100000	第四系黄土	10～50	矿井水	1～10
泥质页岩	100～1000	变质岩	10～100000000	砂砾石、河流石	280～1000	深成盐溃水	0.1～1

2. 结果分析

通过对 6 条线和 2 个点上的数据处理和反演，结合野外地质情况，选择 3 段测线介绍如下：

2 号线浅震测线长度为 645m，高密度测线长度为 790m，EH4 采取点测方式，长度为 2000m。剖面通过的地层主要为强风化的连县组灰岩和铜鼓岭组砾岩、砂岩。

如图 7-22 所示，2a 线浅震剖面同相轴形态特征，曲线形态基本上都存在两组反射波同相轴（能量相对较弱）：第一组反射波同相轴对应强风化岩层底板，反射波同相轴基本由两个相位构成，相位数目变化不大；第二组反射波同相轴对应于基岩中风化层底板。根据综合剖面分析，地层风化较严重，表层裸露的黏土层厚度在 0.5～10m 之间，在测线 300～350m 段，存在反射波同相轴杂乱、相位变化大的区域，推断该区域发育的可能是断层破碎带，定义编号为 F1。

如图 7-23 所示，根据高密度反演断面及相关资料，按照全风化电阻率值为 100～700Ω·m，强风化基岩电阻率值为 700～1500Ω·m，中风化基岩及微风化基岩电阻率值大于 1500Ω·m 来划分层位，其中全风化地层厚度小于 10m。测线小桩号多为低电阻率值岩性，大桩号方向出现高电阻率值的岩性，在测线 300m 往大桩号方向，电阻率的突变区域，说明存在构造带或者地层的变化。

2 号线音频大地电磁测深电阻率断面图如图 7-24 所示，测深深度约 550m，受地表低电阻率覆盖层的影响，整条剖面电阻率偏低。分析认为，电阻率小于 100Ω·m 的为风化基岩，大于 100Ω·m 的为基岩，剖面电阻率分布符合地层的分布规律。根据电阻率分布格局，圈定 3 处低阻异常区，分别为 1 号、2 号和 3 号低阻异常，电阻率范围 0 ~ 100Ω·m，其中 1 号和 2 号异常呈带状近直立分布，3 号异常呈层状分布，是风化层或断裂构造发育的异常区。结合区域地质资料分析，剖面上存在 1 条较大的断裂构造带，编号为 F1，电阻率范围 0 ~ 100Ω·m，呈相对的低阻异常，断裂构造总体南倾。

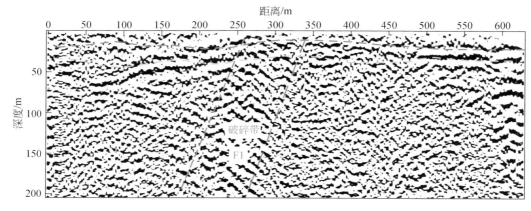

图 7-22　2a 线地震反射波法叠加剖面图

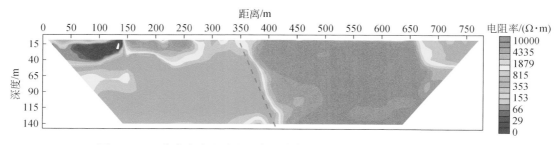

图 7-23　2a 线高密度电法电阻率反演断面图（虚线为推测地层界线）

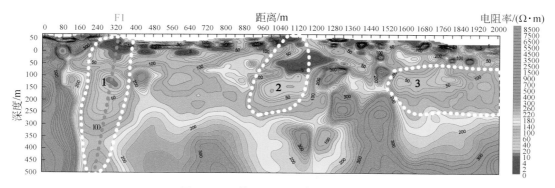

图 7-24　2 线 EH4 电阻率反演断面图

综合 2 号线浅震、高密度电法和 EH4 资料分析可知，300 ～ 350m 段均可见异常带，推断为构造破碎带发育，三种方法可以互相印证（陈松等，2017），结合岩石电阻率，推测 0 ～ 300m 为连县组。

3 号线为了避开障碍物，浅震测线长 703m，高密度测线长为 790m，EH4 采取点测方式，长度为 2000m。主要通过铜鼓岭组、罗定组二段两套地层。

3 号剖面线浅震剖面如图 7-25 所示，基本上呈现出两组反射波同相轴，同相轴较为连续，无明显尖灭、错断或扭转现象；第一组反射波同相轴对应强风化岩层底板，反射波同相轴基本由两个相位构成，相位数目变化不大；第二组反射波同相轴对应于基岩中风化层底板，调查区覆盖层总体埋深在 6m 左右，厚度有随测线方向增加的趋势，可能指示了逐渐靠近水库，风化层逐渐增厚。

根据高密度电法所得的电阻率断面图（图 7-26）及相关资料，按照全风化层电阻率值 5 ～ 80Ω·m，强风化基岩电阻率值为 80 ～ 270Ω·m，中风化基岩电阻率值为 270 ～ 450Ω·m 和微风化基岩电阻率值大于 450Ω·m 来划分层位，覆盖层厚度小于 10m。在测线 320m、640m 处存在电阻率突变区域，推断该区发育有构造破碎带。

音频大地电磁测深电阻率断面图（图 7-27），测深深度约 550m，受地表低电阻率覆盖层的影响，整条剖面电阻率偏低。分析认为，电阻率小于 100Ω·m 的为风化基岩，大于 100Ω·m 的为基岩，剖面电阻率分布符合地层的分布规律。根据电阻率分布格局，结合区域地质资料分析，剖面上存在 4 条较大的断裂构造带，编号为 F1、F2、F3、F4 断裂，电阻率范围 0 ～ 100Ω·m，呈相对的低阻异常，断裂构造总体北倾（陈松等，2017）。

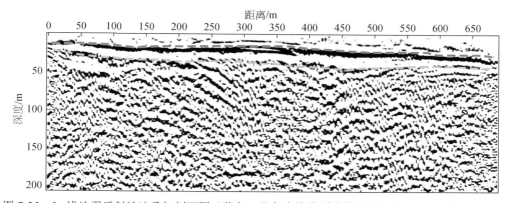

图 7-25　3a 线地震反射波法叠加剖面图（紫色、蓝色虚线分别为推测强风化层和中风化层底板）

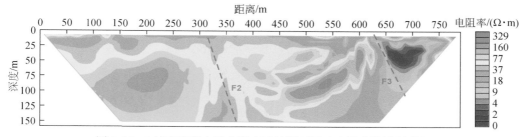

图 7-26　3 线高密度电法电阻率反演断面图（虚线为推测断裂）

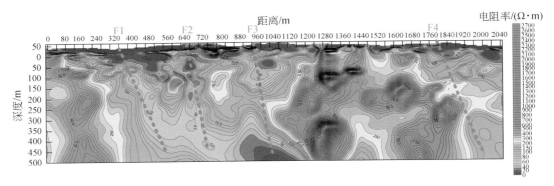

图 7-27　3 线 EH4 反演断面图（虚线为推测断裂）

61 号点测线（图 7-28）位于千官镇，跨越白垩系罗定组和三叠系那蓬岩体，高密度布设了 1 条线，长 450m，根据综合剖面分析，图中虚线标注的地方推断为白垩系与三叠系的地层接触界线，两者之间存在电阻率的突变，且右侧电阻率整体偏低，可能指示了那蓬岩体的风化层较白垩系罗定组风化层厚。

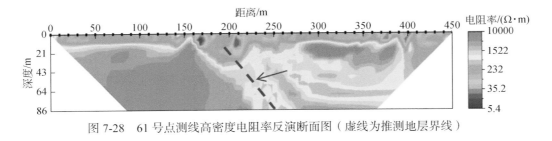

图 7-28　61 号点测线高密度电阻率反演断面图（虚线为推测地层界线）

3. 方法评价

根据以上三种方法的综合剖面分析，基本可以识别出风化层的厚度，可勾绘出基岩面的起伏形态，可以较好地指示隐伏的线性构造，如岩性界线和断裂等信息。测线上强风化的地层较薄，平均厚度在 5 ～ 10m 左右，电阻率集中在 200Ω·m，岩性为砂土、砂岩、粉砂岩；中风化 - 微风化地层平均厚度维持在 10 ～ 25m，电阻率集中在 1000Ω·m 左右，岩性表现为中风化砂岩、粉砂岩；25m 以下基本上是风化较弱的地层，电阻率在上千欧姆米（陈松等，2017）。

就单个方法来说，浅层地震、高密度电法和音频大地电磁等方法，在划分风化区地层界线上效果较为明显，浅层地震和高密度电法适宜解释 100m 以内的地质情况，可以划分出全 - 强风化层的厚度，本次试验采用的是浅层地震纵波反射法，对风化层的分层比较粗略，可以考虑采用横波反射法，提高其分辨率，此外浅层地震易受过往车辆的影响，比较适宜在地形起伏较小的区域开展。

高密度电法对探测断裂和地质界线比较有效，对松软层（第四系、全风化层、强风化层）等低阻层的识别也较好，但划分精度不够。其对施工场地的要求也较少，但人工堆积浮土层由于孔隙率高，会对测量结果造成一定的影响。

音频大地电磁反映的是深部地层岩性电阻率空间展布情况，在浅部（30m 以内）有盲区，可以解译出深部的断裂构造，效果较好。

（二）探地雷达测量及方法评价

为了检验探地雷达测试技术在强风化区风化层厚度探测、风化层厚度估计、隐蔽地质界线识别等方面的有效性，在项目的物性测试与研究基础上，直接选用现场已知的地质露头与剖面，进行技术方法试验与检验实践。

1. 工作原理

探地雷达法是利用探地雷达发射天线向目标体发射高频脉冲电磁波，由接收天线接收目标体的反射电磁波，探测目标体空间位置和分布的一种地球物理探测方法。其实际是利用目标体及周围介质的电磁波的反射特性，对目标体内部的构造和缺陷（或其他不均匀体）进行探测。

探地雷达通过雷达天线对隐蔽目标体进行全断面扫描的方式获得断面的垂直二维剖面图像，具体工作原理是：当雷达系统利用发射天线向地下发射宽频带高频电磁波，电磁波信号在介质内部传播时遇到介电差异较大的介质界面时，就会发生反射、透射和折射。两种介质的介电常数差异越大，反射的电磁波能量也越大；反射回的电磁波被与发射天线同步移动的接收天线接收后，由雷达主机精确记录下反射回的电磁波的运动特征，再通过信号技术处理，形成全断面的扫描图，工程技术人员通过对雷达图像的判读，判断出地下目标物的实际结构情况。探地雷达记录时间和勘查深度的关系为

$$Z = \frac{1}{2}vt = \frac{1}{2} \cdot \frac{c}{\sqrt{\varepsilon_\gamma}} \cdot t$$

式中，Z 为勘查目标体的深度；v 为电磁波波速；t 为雷达记录时间；c 为光速；ε_γ 为介质的相对介电常数。

2. 方法试验

考虑野外探测条件复杂，为了适应不同的条件，开展隐伏地层、断裂信息的识别与检验实践，选用目前世界上最先进的瑞典 MALA ProEx 型探地雷达主机。探测的天线频率范围为 100MHz、250MHz 屏蔽天线及 RTA50 超强天线。

探地雷达不同频率天线的测深能力不同，频率越低，探测深度越大，但是分辨率会降低；频率越高，探测深度越浅，分辨率会提高。100MHz 屏蔽天线，探测深度依据地下介质情况，范围约 20m；250MHz 屏蔽天线，探测深度依据地下介质情况，范围约 7m。RTA50 超强天线，依据地层岩石及干湿程度，可探测约 80m 深度地下介质情况。探地雷达探测参数设置：采集参数，根据所用天线主频不同，以及测试目的不同，采样频率、采样点、采集时窗有所调整。迭加次数为 8 次自动迭加，距离触发探测方式，纵向探测时采样间隔为 0.02s。检测设备照片如图 7-29 所示。

探地雷达测试技术方法试验布置、施工简述于下。

现场试验之一：六家村，选择在 352 省道边东西向小岔道上进行雷达探测试验。从东向西，起止坐标（D1：22°42′25″N，111°23′34″E，76m；D2：22°42′27″N，111°23′12″E，95m），强风化层的厚度在 2～3m，进行了两次试验，干旱条件下探测结果图像比雨季清晰，效果较好。

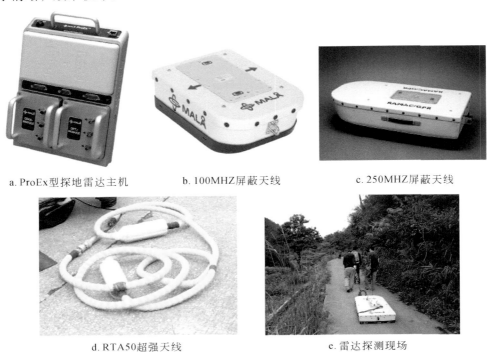

　　　a. ProEx型探地雷达主机　　　　　b. 100MHZ屏蔽天线　　　　　　c. 250MHZ屏蔽天线

　　　　　　d. RTA50超强天线　　　　　　　　　　　e. 雷达探测现场

图 7-29　探地雷达硬件及施工图

试验现场之二：红大采石场平台上（起点坐标：22°52′57″N，111°18′05″E，300m）。目的是试验用雷达探测技术识别风化层厚度的有效性。如图 7-30 所示：采石场边帮平台上，0～5m 为强风化层，左边部分地表以下 5～10m，为反射强烈的地层岩石，对应强风化的岩石（近似松散土体）；右边部分，5～15m，对应的是变化剧烈的含裂隙过渡带，推测为风化岩石与未风化岩石块体交互存在。总体而言，地表（采石场平台）下面 0～15m，反射信号强，推测存在剧烈起伏的界面（带），应该是强风化岩石与未风化岩石接触面（带）。再往下，图像干净，无反射，推测为完整均质岩石。据此，可估计风化层的厚度大小及其空间展布。雷达探测的风化岩石与未风化岩石接触面的结果，与从采石场边帮部位的观测结果基本一致，表明雷达探测技术有较好效果。

试验现场之三：郁南县连滩镇，连滩河口采石场（坐标：22°53′55″N，111°43′29″E，93m）。目的是检验雷达对灰岩风化层与基岩界面的识别效果。从风化断面切削剖面可见，风化的白云质灰岩上部覆盖有 0～10m 不均匀厚度的黄土，雷达探测图形定量、直观地显示了这一接触情况（图 7-31）。据此，可以初步认为，雷达探测技术对灰岩风化层与基岩界面的识别有较好效果。

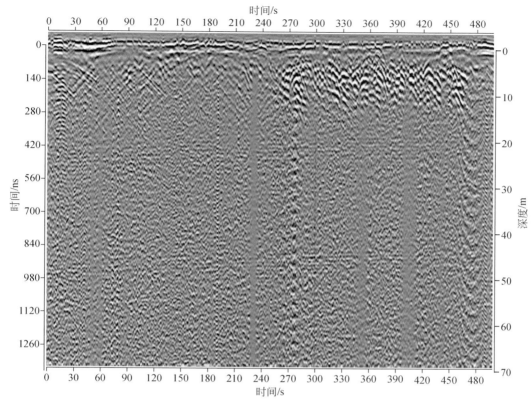

图 7-30 红大采石场探地雷达剖面（天线：RTA50；水文背景：干旱环境）

图 7-31 连滩河口采石场探地雷达剖面（左：野外露头特征；右：雷达二维剖面图）

试验现场之四：连滩河口采石场底部红土堆积坝体探测（图 7-32）。黄土坝为人工堆积而成，下部地面是岩石地面，从 A 点到 B 点，坡面逐渐抬高，岩石地面高程不断下降，人工堆积黄土坝厚度从 0 不断加大，最大值估计为 7 ～ 15m。雷达探测结果清晰地显示了黄土堆积坝与基底岩石的界面，这指示雷达测试技术有较好效果。

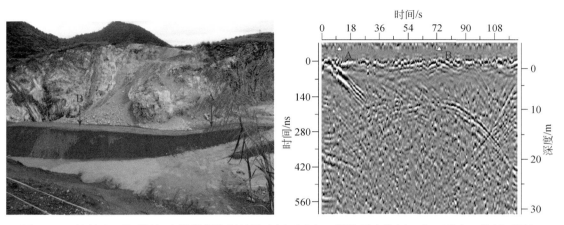

图 7-32　连滩河口采石场红土堆积坝体探地雷达剖面（左：野外露头特征；右：雷达二维剖面图）

3. 方法评价

通过现场雷达检测试验，总体上看，在强风化区风化层与基岩接触界面探测、风化层厚度探测、隐蔽地质界线识别方面，具有较好辅助作用，方法的有效性、稳定性（不同水文条件下）尚待进一步确认。此外，测试解释需要先获取（近）原位条件下地层岩石物性参数，以便定量分析、预评估探测结果；测试效率受地形条件影响较大。

（三）重力和磁法剖面测量及结果分析

1. 重力磁法剖面测量

在工作区东南部沿北西方向完成了 27.2km 重力和磁法剖面测量，测点 138 个（图 7-33），绘制了相对布格重力异常曲线图、剩余重力异常曲线图、相对布格重力视密度图、剩余重力视密度图、重力综合分析图、磁法 ΔT 异常图等图件。在相对重力及其一阶导数图上（图 7-34），可以看出存在 3 个明显的极值点，极值点一般作为断裂和地层分界线的判断标志。北段极值点与脆性断裂相对应，区域重力场上表现为等值线同形扭曲；南段极值点与地层分界线相对应（连县组与铜鼓岭组）；中段极值点（大湾镇罗定江）推断为断裂，其判断依据是：断裂西段在区域布格重力异常图上位于梯级带同向扭曲，断裂的东段为异常轴的转折方向，在剩余重力场上为异常轴方向转折处。

2. 方法评价

小比例尺重力数据可以指示判断大的构造格架，但无法满足精细的覆盖区地质填图。大比例尺重力数据含有更多的细节信息，细节信息与浅部地质体密切相关，可以较精确地判断浅表的地质体界线等信息。两者结合，可以从不同尺度综合分析判断地质体的不同尺度的信息。地表的重磁测量对断裂、明显的岩性界线比较有效，但成本高，受高差、外界干扰大。应以总结已有的航磁、重力和放射性等资料为主，重要的地方部署少量地面剖面测量。

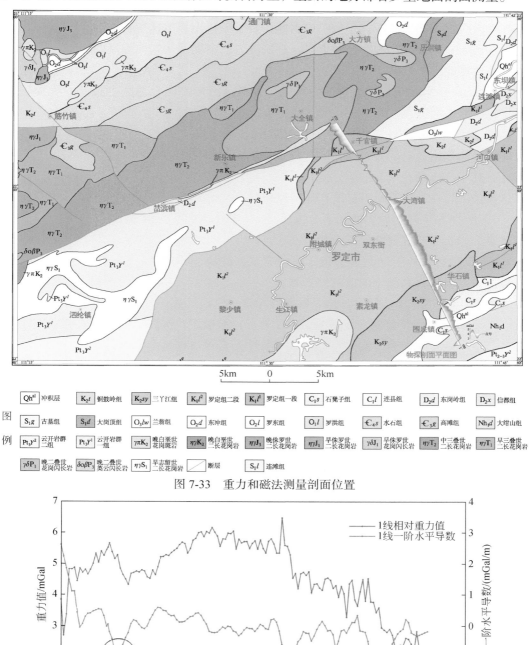

图 7-33　重力和磁法测量剖面位置

图 7-34　相对布格重力曲线图

（四）伽马辐射能谱测量

在强风化区进行伽马能谱测量，可尝试首先通过对已知岩土风化断面的大数据量的测量与统计，得出不同岩性风化土伽马辐射能谱特征，确定该方法能够辨别的岩性。在露头控制程度低的相关岩性分布地区和地段，利用该方法辅助下伏岩性类别的推断。

1. 方法试验

应用 FD-3013-4679 型数字伽马辐射仪，针对区内主要岩石类型，实测了基岩与土壤的伽马辐射能谱数据。

结果表明，该方法在强风化区对于鉴别燕山期花岗岩（高值）、白垩纪红层（低值）具有较明显的作用，这两种岩性在 U、Th、K 和总辐射量曲线上（图 7-35）明显区别于其他岩性。其中燕山期花岗岩的识别效果最佳，这对于在强风化区寻找与燕山期岩浆热液成矿密切相关的岩株、岩脉具有显著作用。区内的伽马辐射能谱基本规律如下：

（1）酸性岩浆岩的放射性元素含量最高，基性和超基性岩浆岩的较低。随着 SiO_2 含量的增多，岩浆岩的放射性元素含量增高。

（2）沉积岩的放射性元素含量比酸性岩浆岩的低，纯化学沉积、煤、纯石英砂等放射性最低，泥质页岩和黏土的放射性最高。

（3）在巨大的花岗岩侵入体内，放射性元素常呈现的规律为：同一岩体，自外向里，自上向下，放射性元素含量变化，存在明显差异；穿插于花岗岩中的伟晶岩脉放射性高，细晶岩的放射性较低；岩体的年代越新，放射性元素含量越高。

（4）变质岩在其形成过程中，各种物质将产生大规模的再分配。变质作用的早期阶段，放射性元素的分布保持原始岩石的特征。到高级变质阶段，原始放射性元素分布特征消失，U、Th 含量低且变化不大，K 的规律性也相似。在深变质作用发育地区，因变质作用、交代作用和花岗岩化等作用的多次叠加，放射性元素的分布较为复杂。

伽马辐射能谱测量即是以上述一般规律为依据，通过地表伽马辐射总量和分量的测量，推断具有放射性差异的下伏基岩岩性。

2. 方法评价

伽马辐射能谱测量，方便快捷，对于识别燕山期花岗岩效果较好，对于其他岩性的识别精度不够理想。

四、地球化学探测

强风化区强风化层（含残积层）与下伏基岩（成土母岩）在化学组分上具有继承相关性，可应用元素地球化学方法判断被强风化层覆盖的原岩属性，利用不同地质体间存在的元素地球化学正负异常圈定地质界线、推断隐伏断裂。判断原岩主要是通过风化断面取样，地质界线的圈定主要是依靠面上化探数据，隐伏断裂的探测主要采用壤中气（Hg-Rn）联测的方法。

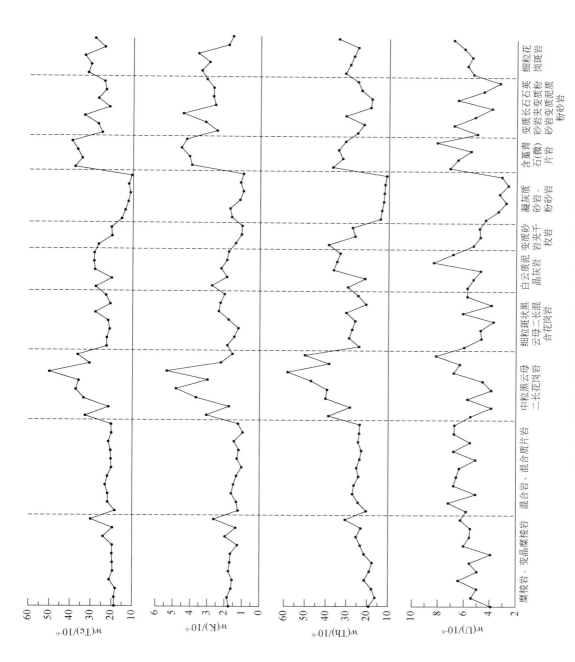

图 7-35　实测调查区主要岩类风化土伽马辐射能谱对比曲线

（一）风化断面地球化学测量

在本次研究中，总共选取了研究区具有代表性的 20 个风化断面进行样品测试工作，共采集地球化学样品 284 件，共测试 52 项元素指标（其中主量元素 7 项，稀土元素 15 项，微量元素 30 项）。目的是通过数据分析了解风化层中矿物和元素的迁移过程和规律，探索用矿物和元素恢复原岩的方法，如：合理的取样深度、如何定量化恢复等。

1. 数据分析方法

对测试结果，主要计算了如下化学风化指标：WPI、SA（硅铝比）、ALK、K_r（硅倍半氧化物比），均为摩尔比（吴宏伟等，1999；尚彦军等，2001，2004；Gupta and Rao，2001；Topal，2002；刘成禹和何满潮，2011），其中 WPI=[（$K_2O+Na_2O+CaO–H_2O^+$）] × 100/[（$SiO_2+Al_2O_3+Fe_2O_3+TiO_2+CaO+MgO+Na_2O+K_2O$）]，由于没有测定 H_2O^+，故将其简化，Fe_2O_3 采用全铁，SA=SiO_2/Al_2O_3，ALK=$K_2O/（K_2O+Na_2O）$，K_r=$SiO_2/（Al_2O_3+Fe_2O_3）$。采用 Grapher（10.0 版）生成各元素和风化指标变化曲线。由于各个风化剖面最顶部的样品一般为土壤层或是腐殖层，受表层植被、降雨等因素影响较大，不做讨论。结果如下：

1）14D101 风化断面

此风化断面位于生江镇 834 乡道婆髻山下公路旁（22°41.449′ N，111°31.532′ E），为公路护坡风化断面，雨水冲刷较强，采样时已暴露风化 20 个月以上，主体岩性为灰白色中等风化花岗斑岩，可见石英斑晶和长石斑晶假象，属于八帝山岩体晚白垩世花岗斑岩（$γπK_2$），表面为褐红色、褐黄色。剖面垂直高度 3.7m，从下往上，按照 0.5m 间距，共采集样品 8 件。从风化断面的稀土元素球粒陨石标准化结果来看，在风化逐渐增强的过程中，稀土分配模式没有大的变化，发生一定程度轻稀土的富集（图 7-36）。

从元素 – 深度曲线上看（从上往下），稀土元素除 2.7m 处较为富集外，总体逐渐升高；SiO_2、K_2O、Na_2O、CaO 逐渐升高，Al_2O_3、TFe_2O_3、MgO 逐渐降低；风化指标中 WPI、SA、K_r 值逐渐增大，指示风化程度逐渐减弱（图 7-37）。

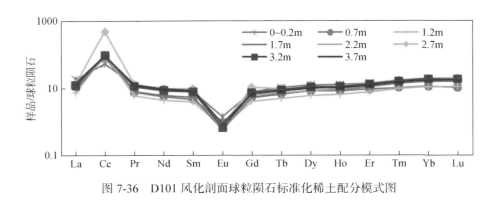

图 7-36　D101 风化剖面球粒陨石标准化稀土配分模式图

2）D134 风化断面

此风化断面位于替滨高速入口斜对面（22°49′ 17.11″N，111°24′ 14.88″E），为人工开挖宅基地背侧，采样时已暴露风化约 12 个月，主体岩性为紫红色强风化层和灰黑色中等风化碳质千枚岩，属新元古界云开岩群（Pt_3Y）。剖面垂直高度10.1m，从下往上，按照 0.5m 间距，共采集样品 21 件。从元素 – 深度曲线上看（图 7-38，从上往下），稀土元素总体上先升高，然后逐渐降低，在 3.6～6.1m 处形成富集段；SiO_2、MgO 逐渐升高，Al_2O_3、TFe_2O_3 逐渐降低；风化指标中 WPI、SA、K_r 总体逐渐增大，指示风化程度逐渐减弱，但在 3.6～6.1m 段波动较大。从此剖面来看，6.1m 处为中等风化与强风化碳质千枚岩的分界。

3）D152 风化断面

此风化断面位于泗纶镇东约 2km，352 省道南侧（22°43′7.67″N，111°19′29.76″E），为人工开挖宅基地背侧，采样时已暴露风化约 12 个月，主体岩性为紫红色、褐黄色、土黄色全风化层，结构完全破坏，主要成分为黏土矿物，局部见乳白色高岭土富集层，归入云开岩群（Pt_3Y），经钻孔验证为透辉石岩，纯度高，可供开采。剖面垂直高度 13.0m，从下往上，按照 0.5～1m 间距，共采集样品 17 件。从元素 – 深度曲线上看（图 7-39，从上往下），稀土元素总体上先升高，然后逐渐降低趋于稳定，其中在 7～10.5m 处形成富集段，可能为水淋滤淀积所致；SiO_2 总体上逐渐升高，Al_2O_3、TFe_2O_3、MgO 逐渐降低；风化指标中 SA、K_r 总体逐渐增大，指示风化程度逐渐减弱。

4）14D029 风化断面

此风化断面位于㙟滨镇梅竹村 324 国道 1243.8km 北侧（22°50.9647′N，111°20.6831′E），为人工开挖房屋后风化断面，采样时已暴露风化 2 年以上，主体岩性为灰白色、土黄色中等风化花岗岩，底部见弱风化二长花岗岩，属于那蓬岩体，为三叠纪二长花岗岩（$\eta\gamma T$）。剖面垂直高度 17.0m，从下往上，按照 1m 间距，共采集样品 18 件。从元素 – 深度曲线上看（图 7-40，从上往下），稀土元素先升高后降低，中段波动较大（8～9m 处富集）；SiO_2、Al_2O_3、TFe_2O_3 波动较大，MgO、CaO、Na_2O、K_2O 总体上逐渐升高；风化指标中 WPI 值逐渐增大，指示风化程度逐渐减弱。且 WPI 与 K_2O、Na_2O、CaO 的趋势基本一致，两者之间相关性较大。8～9m 应为淋滤作用的底界。

5）14D099 风化断面

此风化断面位于生江镇 834 乡道河滘口砖厂采石场（22°42.5367′N，111°31.7568′E），为人工开挖，采样时已暴露风化约 16 个月，主体岩性为紫红色中等 – 弱风化粉砂质泥岩，属于白垩系罗定组二段（K_1l^2）。剖面垂直高度 11.1m，从下往上，按照 1m 间距，共采集样品 12 件。从元素 – 深度曲线上看（图 7-41，从上往下），稀土元素除 5.1m 处较为富集外，总体逐渐升高；SiO_2、K_2O、Na_2O 逐渐升高，Al_2O_3、TFe_2O_3 逐渐降低，CaO 总体上波动较小，MgO 总体上波动较大；风化指标中 WPI、SA、K_r 值逐渐增大，指示风化程度逐渐减弱。总体 5m 左右深度，为中等风化和弱风化粉砂质泥岩的过渡带。

6）D2200 风化断面

此风化断面为公路边人工开挖风化断面（X0533928，Y2530340），主体岩性为褐红色强风化层、灰白色中等风化细粒黑云母二长花岗岩，属于那蓬岩体（$\eta\gamma T$），为三叠纪二长花岗岩。剖面垂直高度 4.7m，从下往上，按照 0.5m 间距，共采集样品 10 件。从元素 – 深度曲线上看（图 7-42，从上往下），稀土元素总体上较稳定，在 2.2 ～ 2.7m 处富集；SiO_2、Na_2O、K_2O 逐渐升高，Al_2O_3、TFe_2O_3 逐渐降低；风化指标 WPI、SA 值逐渐增大，指示了风化程度逐渐减弱。2.2 ～ 2.7m 处应该为强风化层与中风化层的分界。

2. 试验结果

对于白垩纪花岗斑岩、花岗岩及白垩系罗定组细碎屑岩，由于其成分相对比较均一，风化指标 WPI、SA、K_r 曲线均能较好地反映风化程度的变化；而对于研究区内的那蓬岩体花岗岩、云开岩群，WPI 对风化程度的指示效果较好。SiO_2、Na_2O、K_2O 含量总体上是随着风化程度的增强而降低，而 Al_2O_3、TFe_2O_3、MgO 是随着风化程度的增强而升高。

稀土元素在风化剖面中比较稳定，除在近地表土壤层往往发生一定程度富集外，在剖面上一般随风化程度的不同而发生有规律的变化。在全风化层和强风化层中，总体呈现往下含量逐渐升高的趋势，指示了存在淋滤淀积作用；在中等风化和弱风化层中表现为逐渐降低或是很稳定。在排除岩性变化的影响外，稀土元素发生大的波动，如富集等，往往指示了风化程度的变化。对于花岗斑岩、部分花岗岩稀土元素多富集于 2 ～ 3m 的全风化层内，少量富集于强风化层底界，约 8 ～ 9m；对于云开岩群由于其岩性较为复杂，稀土元素可富集于 3 ～ 10m 层段，为全风化层和强风化层；对于如白垩系罗定组的碎屑岩，稀土元素多富集于 3 ～ 5m 层段，为中等风化与弱风化的分界，其中等风化层厚度一般在 5 ～ 6m。

从风化断面的稀土元素球粒陨石标准化结果来看，在风化逐渐增强的过程中，稀土分配模式没有大的变化，发生一定程度轻稀土的富集，部分断面 Ce、Eu 变化较大。

3. 方法评价

通过对研究区内代表性岩性风化断面样品的地球化学分析，可以研究垂向剖面上元素的变化规律，总结有效的划分风化程度的指标，为区内通过全风化层、强风化层等推断原岩积累资料，建立标志。通过以上分析，可以看出，淋滤作用在花岗岩类分布区一般为 2 ～ 3m，大者可达 8 ～ 9m，多可以指示全风化层与强风化层的分界；而如白垩系罗定组的碎屑岩类，稀土元素多富集于 3 ～ 5m 层段，为中等风化与弱风化的分界，因此通过钻探调查下伏基岩，其钻进深度至少控制在 3m。此方法应该和薄片研究相结合，然后推广使用。

（二）壤中气 Rn-Hg 联测及结果分析

在调查区中部沿北西向完成了 1 条总长为 20km 的综合气体测量剖面，测点 221 个。观测结果如图 7-43 所示，简述如下：

① 30 ～ 60 测点出现较为连续的 Hg-Rn-SO_2 气异常，说明在寒武纪地层中可能存在北东向断裂；② 80 ～ 120 测点出现较为连续的 Rn-SO_2 气异常，推测其下伏地层中可能存在至少 2 处隐伏侵入岩体；③ 170 ～ 180 测点出现较为连续的 Hg-Rn-SO_2 气异常，推测白垩纪地层中可能有 1 条北东向断裂切穿白垩纪地层；④ 190 ～ 200 测点出现较为连续的 Hg-Rn-SO_2 气异常，推测该下伏白垩纪地层中可能有北东向断裂；⑤比较准确地指示了地层岩体接触界线。40 测点附近出现的异常对应寒武系与那蓬岩体接触界线；在 140 点附近

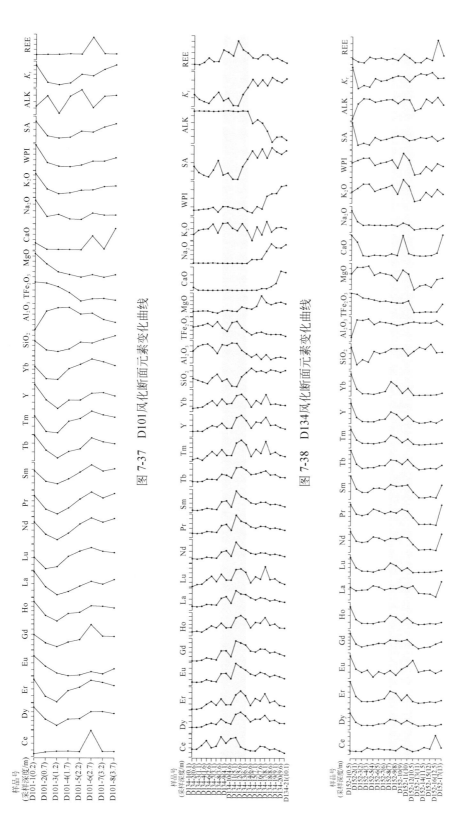

图 7-37 D101 风化断面元素变化曲线

图 7-38 D134 风化断面元素变化曲线

图 7-39 D152 风化断面元素变化曲线

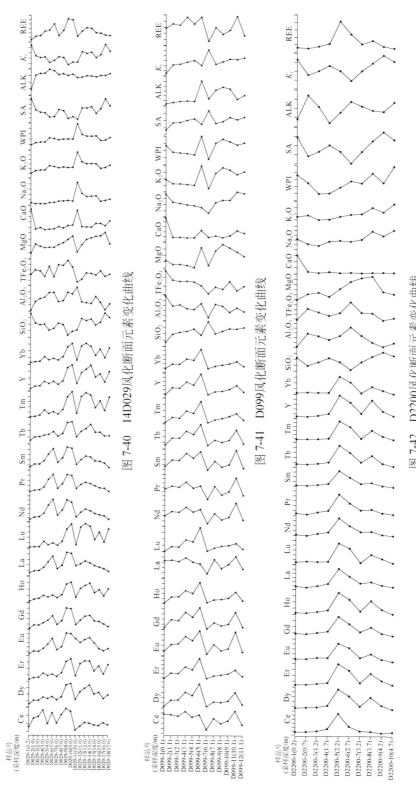

样品号
（采样深度/m）
D029-1(0.2)
D029-2(1.0)
D029-3(2.0)
D029-4(3.0)
D029-5(4.0)
D029-6(5.0)
D029-7(6.0)
D029-8(7.0)
D029-9(8.0)
D029-10(9.0)
D029-11(10.0)
D029-12(11.0)
D029-13(12.0)
D029-14(13.0)
D029-15(14.0)
D029-16(15.0)
D029-17(16.0)
D029-18(17.0)

图 7-40 14D029风化断面元素变化曲线

样品号
（采样深度/m）
D099-1(0.1)
D099-2(1.1)
D099-3(2.1)
D099-4(3.1)
D099-5(4.1)
D099-6(5.1)
D099-7(6.1)
D099-8(7.1)
D099-9(8.1)
D099-10(9.1)
D099-11(10.1)
D099-12(11.1)

图 7-41 D099风化断面元素变化曲线

样品号
（采样深度/m）
D2200-1(0.2)
D2200-2(0.7)
D2200-3(1.2)
D2200-4(1.7)
D2200-5(2.2)
D2200-6(2.7)
D2200-7(3.2)
D2200-8(3.7)
D2200-9(4.2)
D2200-10(4.7)

图 7-42 D2200风化断面元素变化曲线

出现的较为连续的 Hg-Rn-SO$_2$-CO$_2$ 异常，比较准确地对应了云开岩群地层的产出界线；而在 120 点附近出现的连续的 Hg-Rn-SO$_2$-CO$_2$ 异常，则是对花岗斑岩岩体产出位置的反映。

总体上看，Hg-Rn 对隐伏断裂、岩体具有比较清晰的反映，探测效果良好。

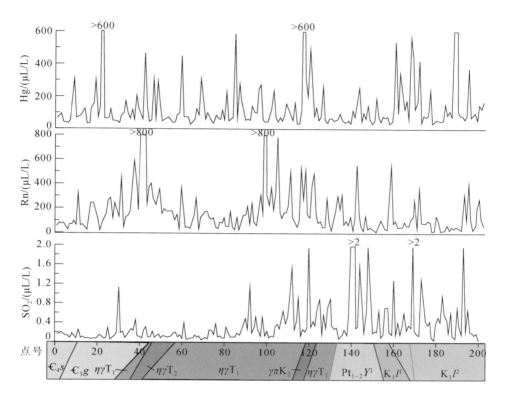

图 7-43 壤中气 Rn-Hg 联测与地质单位对比图

（三）区域化探在地质填图中的应用

利用多元素区域地球化学异常或背景可以区分不同的地质体，其主要依据是元素的地球化学性质。不同性质的地质体，具有不同的多元素组合和含量特征（史长义和任院生，2005；郝立波等，2007）。其应用主要有：

（1）侵入岩体的划分和岩体边界圈定。侵入岩体的地球化学识别是建立在岩体和围岩的地球化学性质的差异基础上的。与围岩成分差异明显的岩体，其接触带异常明显，这样，就可用特征元素的异常来划分岩体和圈定岩体边界（史长义和任院生，2005）。

（2）地层对比和划分。利用地层中的地球化学差异对地层进行划分是地层学的研究方法之一。同样，利用从水系沉积物中提取的地球化学信息，可以大致圈定一些岩石地层单元的空间分布范围，而且还可为地层层序的划分提供地球化学方面的证据（史长义和任院生，2005）。

1. 采用的方法及结果

从区域地质图上看（1∶20万罗定幅，地质部广东省地质局，1962），研究区具有以下特征：地质体的分布整体上受北东向构造控制，中部为北东向展布的海西—印支期侵入岩（即那蓬岩体）和白垩系红盆，西南部为云开岩群和志留纪侵入体，东北角为奥陶系、志留系、泥盆系和第四系覆盖，东南角为石炭系喀斯特和云开岩群、南华纪地层，西北部主要为燕山早期岩体侵入，中南部为燕山晚期岩体侵入（即八爷山岩体）。

1989年，广东省地质矿产局区调队完成《1∶200000罗定幅地球化学图说明书》，其中落入工作区内的共478个采样点，邻近点84个。本次工作总计选取了此562个点进行地球化学分析，主要采用地球化学图（元素等值线图），在此基础上探讨地球化学元素对各个地质体（地层、侵入岩）的识别程度及有效性（吴俊等，2016）。数据高值采用平均值（X）加3倍标准方差（$3S$）替代，其中K_2O、Li、U、La、Y、Zr等元素效果较好，其地球化学特征见表7-6。

表7-6　元素地球化学特征

元素	最小值	最大值	X	S	$X-3S$	$X-2S$	$X-S$	$X+S$	$X+2S$	$X+3S$	$F(X\pm S)$	F $(X\pm 2S)$	F $(X\pm 3S)$
K_2O	0.12	4.27	2.01	0.70	−0.09	0.61	1.31	2.71	3.41	4.11	74.42	94.84	98.04
Li	8.70	78.53	28.10	14.33	−14.89	−0.56	13.77	42.43	56.76	71.09	82.21	93.59	96.79
U	0.25	12.80	4.25	2.48	−3.19	−0.71	1.77	6.73	9.21	11.69	78.47	95.02	98.22
La	3.00	131.17	52.16	22.99	−16.81	6.18	29.17	75.15	98.14	121.13	77.04	94.48	97.33
Y	5.00	82.85	30.05	14.78	−14.29	0.49	15.27	44.83	59.61	74.39	77.41	94.85	97.70
Zr	81.00	877.00	417.81	140.58	−3.93	136.65	277.23	558.39	698.97	839.55	76.16	93.60	97.87

注：样本数$N=562$；X为均值；S为标准方差；$F(X\pm S)$为落入$X\pm S$的频率，%；K_2O单位为%，其他为10^{-6}。

1）K_2O数据特征

区内K_2O最小值0.12%，最大值7.02%，由于几个高值（极值）位于邻近区域且分散，采用$X+3S$高值替代。替代后最小值0.12%，最大值4.27%，均值（X）2.01%，标准方差（S）0.70%。落入$X\pm S$、$X\pm 2S$、$X\pm 3S$范围的频率分别为74.42%、94.84%、98.04%，数据总体较为集中。

从K_2O地球化学图（图7-44）来看，依据等值线梯度变化，以>2.00%（均值）等值线为界，基本沿北东走向的历洞镇—千官镇—㙟滨镇一线，明显将研究区分成了西北中高值区和东南低值区。西北中高值区以>2.90%为界线，划分出西北角高值区；东南部K_2O值整体较低，但从金银潭水库沿南江沿生江镇—附城镇—大湾镇一线，出现中值区，且主要沿河流分布，表明K_2O沿水系迁移较强。

2）Li数据特征

区内Li元素最大值129.30×10^{-6}，故采用$X+3S$高值替代。替代后最小值8.70×10^{-6}，

最大值 78.53×10^{-6}，均值（X）28.10×10^{-6}，标准方差（S）14.33×10^{-6}。其中数个高值主要出现在晚白垩世花岗斑岩（$\gamma\pi K_2$）中，应为花岗斑岩特征属性。落入 $X \pm S$、$X \pm 2S$、$X \pm 3S$ 范围的频率分别为 82.21%、93.59%、96.79%，数据总体较为集中。

在 Li 地球化学图（图 7-45）中，依据等值线梯度变化，以 $> 40 \times 10^{-6}$ 等值线为界，在东北部沿历洞镇—千官镇—替滨镇一线至大方镇区域和中南部金银河水库周边，为明显的高值区，其余为中低值区。中南部金银河水库高值区向北东拖尾现象明显，可能指示其下存在隐伏岩体或是水系集中区。

3）U 元素数据特征

U 最高值 33.00×10^{-6}，采用 $X+3S$ 高值替代。替代后最小值 0.25×10^{-6}，最大值 12.80×10^{-6}，均值（X）4.25×10^{-6}，标准方差（S）2.48×10^{-6}。U 落入 $X \pm S$、$X \pm 2S$、$X \pm 3S$ 范围的频率分别为 78.47%、95.02%、98.22%，数据总体较为集中。

从地球化学图（图 7-46）上来看，依据等值线梯度变化，以 $> 5 \times 10^{-6}$ 等值线为界，沿北东走向，中部和西北部为高值区，高值区沿北东向呈串珠状分布。沿千官镇—替滨镇一线可划分西南部替滨 – 泗纶次高值区，以 $3.75 \times 10^{-6} \sim 5 \times 10^{-6}$ 范围为界。

4）La 元素数据特征

La 最高值 160.00×10^{-6}，采用 $X+3S$ 高值替代。替代后最小值 3.00×10^{-6}，最大值 131.70×10^{-6}，均值（X）52.16×10^{-6}，标准方差（S）22.99×10^{-6}。U 落入 $X \pm S$、$X \pm 2S$、$X \pm 3S$ 范围的频率分别为 77.04%、94.48%、97.33%，数据总体较为集中。

从地球化学图（图 7-47）上来看，依据等值线梯度变化，以 $> 60 \times 10^{-6}$ 等值线为界，沿北东走向，中西部为高值区，中东部为低值区，高值区呈北东向呈串珠状分布，沿千官镇—替滨镇一线可划分为两部分。以 $< 20 \times 10^{-6}$ 等值线为界，中南部金银河水库周边为明显的低值区。

5）Y 元素数据特征

Y 最大值 202×10^{-6}，采用 $X+3S$ 高值替代。替代后 Y 最小值 5.00×10^{-6}，最大值 82.85×10^{-6}，均值（X）30.05×10^{-6}，标准方差（S）14.78×10^{-6}，落入 $X \pm S$、$X \pm 2S$、$X \pm 3S$ 范围的频率分别为 77.41%、94.85%、97.70%，数据总体较为集中。

在 Y 元素地球化学图（图 7-48）中，依据等值线梯度变化，以 $> 32 \times 10^{-6}$ 等值线为界，沿北东方向，可以分为中部和中南部金银河水库高值区，其余为中低值区。中部高值区沿千官镇—替滨镇一线可进一步划分中部和西南两个高值区。

6）Zr 元素数据特征

Zr 最大值 1353×10^{-6}，用 $X+3S$ 高值替代。替代后 Zr 最小值 81.00×10^{-6}，最大值 877.00×10^{-6}，均值（X）417.81×10^{-6}，标准方差（S）140.58×10^{-6}，Zr 落入 $X \pm S$、$X \pm 2S$、$X \pm 3S$ 范围的频率分别为 76.16%、93.60%、97.87%，数据总体较为集中。

在地球化学图（图 7-49）中，依据等值线梯度变化，以 $> 420 \times 10^{-6}$ 等值线为界，可以划分东北、中西部高值区，整体沿北东向呈串珠状分布；以 $< 240 \times 10^{-6}$ 等值线为界，可划分出中南部金银潭水库低值区。

　　此外，Nb、Ti 地球化学图与 Zr 的比较近似，在中部为高值区，在中南部金银潭水库地区为低值区。

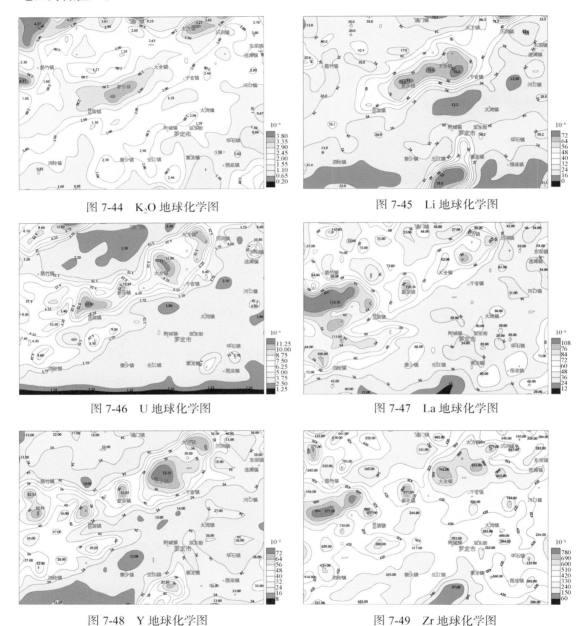

图 7-44　K₂O 地球化学图　　　　　　　　　　　图 7-45　Li 地球化学图

图 7-46　U 地球化学图　　　　　　　　　　　　图 7-47　La 地球化学图

图 7-48　Y 地球化学图　　　　　　　　　　　　图 7-49　Zr 地球化学图

2. 典型地质体的地球化学特征及识别

　　对比以上 K₂O 等 6 种元素的地球化学图，根据等值线梯度变化，基本可以将研究区分成西南部 1 区、中部 2 区、西北部 3 区、中南部 4 区等 4 个地球化学分区，其中 2 区以替滨以东为界，可以分成 2-1、2-2 两个小区（图 7-50）。通过与 1：20 万罗定幅地质图

的对比，1 区主要为加里东期泗纶岩体分布区，2 区主要为海西—印支期那蓬岩体分布区，
3 区主要为燕山早期筋竹岩体分布区，4 区主要为燕山晚期八爷山岩体分布区。上述 K_2O
等 6 种元素的地球化学图（图 7-44 ～图 7-49）中多数表现出沿北东走向的分界线为千官 –
䓖滨断裂带所在位置，表明以上几种化学元素可以很好地识别出加里东期、海西—印支期、
燕山早期和燕山晚期的侵入岩（吴俊等，2016）。不同时代侵入岩的地球化学特征见表 7-7。

表 7-7　不同时代侵入岩地球化学判别表

侵入岩	$K_2O/\%$	$Li/10^{-6}$	$U/10^{-6}$	$La/10^{-6}$	$Y/10^{-6}$	$Zr/10^{-6}$
加里东期（$\eta\gamma S_1$，泗纶岩体）	$1.55 \sim 2.0$	< 32	$3.75 \sim 5.0$	> 60	< 24	> 420
海西—印支期（γT，那蓬岩体）	> 2.0	> 40	> 5.0	> 60	> 32	> 420
燕山早期（γJ，筋竹岩体）	> 2.9	< 32	> 5.0	> 60	> 32	> 420
燕山晚期（γK_2，八爷山岩体）	$1.55 \sim 2.0$	> 40	< 3.75	< 24	> 32	< 240

为了检验圈定的地质体及界线的实际效果并对化学模型进行修正，选择部分点位进行
了实地野外验证。在研究区中部和南部的等值线密集区（位置见图 7-50）进行了实地考察，
其中生江镇南部婆髻山考察点处风化层较厚，可达 10 ～ 20m，为灰白色含石英砂土，表

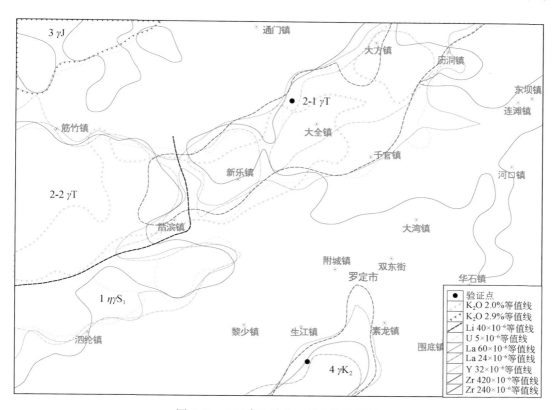

图 7-50　6 元素地球化学侵入体推断图

面风化为紫红色，手搓易碎，遇水崩解，为全风化花岗类岩石（图 7-51）。通过槽型钻钻进，发现了少量中等风化残块，斑晶为石英和长石，其中石英呈中粒六方双锥状，长石已基本高岭石化，保存晶形假象。综合以上，定名为强风化 – 全风化花岗斑岩。野外验证表明，根据地球化学特征对岩体及界线的推断效果是比较好的。

图 7-51　生江镇婆髻山白垩纪花岗斑岩（照片镜向 100°）

3. 方法评价

利用 1 : 200000 区域化探数据，充分提取地质填图信息，在强风化研究区内，可以很好地识别出花岗岩类侵入体，且可以区分加里东期、海西—印支期、燕山早期和燕山晚期的侵入体，可以提高地质填图的质量和效率。

由于水系沉积物近似于取样点上游土壤、风化产物和岩石的复合样品，因此以水系沉积物测量的地球化学资料为依据来识别地质体就尤为复杂，而且对某些小规模地质体很难识别。1 : 200000 水系沉积物测量数据能够反映主要地质体的差异，可以用来推断地质界线，但对地质特征反映的精度难以满足工作的需要，1 : 50000 区域地质矿产调查工作应当使用同等或更大比例尺的地球化学测量数据。

本次主要采用的是单元素特征组合来识别区分侵入岩体。如何采用元素组合特征、元素比值等其他指标，结合聚类分析、因子分析等方法来分析数据，以及如何识别地层等问题还需要进一步的研究。

（四）土壤化探填图及结果分析

试验目的是通过土壤化探方法建立已知岩性与风化残积土之间的地球化学关联性，达到对未知区域下伏基岩进行岩性推断，提高覆盖区填图精度的目的。

1. 研究方法

结合工作区区域地质概况，收集或测试区内碳酸盐岩类、花岗岩类、火山碎屑岩类、片岩类、浅变质岩类、花岗斑岩、糜棱岩和混合岩类等八大主要岩性类型的元素地球化学背景值，找出指示不同岩性的标型元素或元素组合或元素比值等，建立初步的地球化学判别指标。

针对不同已知岩性风化土进行了有代表性的分散采样，根据不同岩性分布面积大小，采集样品数从 3 到 46 件不等，覆盖区内八大主要岩性类型。以基岩出露区风化而成的原地残积土为采集对象，采样深度为 30cm（B 层），样重不少于 300g，经风干粗碎过 20 目筛后，取粒级 –10 目的土壤 100g 做含量测试，分析元素包括 Na、Mg、Al、K、Si、Ca、Fe、Cr、Ni、Co、Sn、W、Mo、Mn、Pb、Zn、As 等 17 种主微量元素。

通过对测试数据进行统计分析，侧重于从不同岩性元素含量的贫、富规律出发，做出各元素含量或含量比值曲线图，借此了解各元素在不同岩性风化土中的含量特征与分布规律，以筛选出有效的特征性地球化学指标对区内不同岩性进行判别。

2. 研究结果

碳酸盐岩（C_1l 白云质泥晶灰岩、D_2d 白云岩）风化土表现出相似的（Ca+Mg+Fe+Mn）/Si 值和 Zn 含量分布特征，且明显高于其他所有试验岩性风化土，其中（Ca+Mg+Fe+Mn）/Si 值 $0.44 \sim 0.70$，均值 0.56，Zn 含量 $297 \times 10^{-6} \sim 427 \times 10^{-6}$，均值 351×10^{-6}（图 7-52a）。

晚白垩世中粒黑云母二长花岗岩（$\eta\gamma K_2^{1a}$）风化土和中三叠世细中粒黑云母二长花岗岩（$\eta\gamma T_2$）风化土均具有显著高于其他所有试验岩性风化土的（Al+Si）/（Cr+Ni）值（图 7-52b），其中前者（Al+Si）/（Cr+Ni）值 $2.2 \sim 5.9$，均值 3.12；后者（Al+Si）/（Cr+Ni）值 $0.7 \sim 4.44$，均值 1.7，呈现出典型的富 Si、Al 和贫 Cr、Ni 成分特征，暗示上述花岗岩有可能形成于壳源物质的低程度部分熔融。两套花岗岩之间可通过 Na 含量的高低进行区分（图 7-52d）。

凝灰质砂岩（K_1l^1）风化土具有显著高于其他所有试验岩性风化土的 Mg/Fe 值，其值变化范围 $0.2 \sim 0.41$，均值 0.31，远远大于华南褶皱系火山碎屑岩中 0.18 的 Mg/Fe 均值（图 7-52c）。

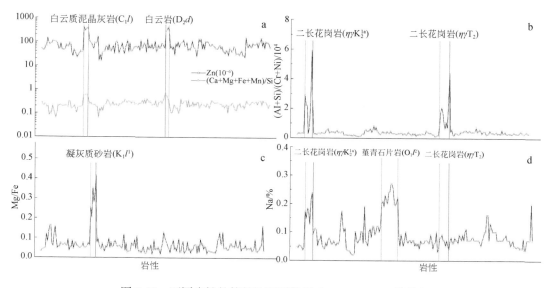

图 7-52　不同岩性的特征性判别指标（Origin Pro8.5 软件）

堇青石片岩（O_1l^2）风化土和中粒黑云母二长花岗岩（ηK_2^{1a}）风化土的 Na 含量分布特征相似，且在所有试验岩性中最高，但后者具有明显高于前者的（Al+Si）/（Cr+Ni）值。其他试验岩性在现有的 17 种测试元素中暂未发现可靠的特征性判别指标。

总体而言，此方法对工作区的碳酸盐岩、晚白垩世中粒黑云母二长花岗岩、中三叠世细中粒黑云母二长花岗岩、早白垩世凝灰质砂岩和早奥陶世堇青石片岩可筛选出特征性指标进行独立判别。

3. 方法应用与验证

经过在 7 条地质实测剖面和 7 条地质调查路线上开展土壤地球化学剖面测量，该方法对下伏堇青石片岩和酸性岩体有一定的识别效果，可达到划分地质界线，提高覆盖区填图精度目的。但对于堇青石片岩容易发生误判。

4. 方法评价

采样深度较浅（30cm），取样容易，但容易受地表因素的影响，需要加大采样深度。样品测试为实验室完成，周期较长，成本较高，不适合大面积推广使用。

五、风化层及第四系地质钻探

地质钻探是调查第四系、风化层和下伏基岩最直接有效的方法，钻穿整个覆盖层钻入基岩，可以了解第四系及风化层的厚度、组成和结构，直接观测下伏基岩岩性、采集样品、验证物化探解释效果、追索和圈定地质体的重要界线，非常适用于强风化区地质填图。武汉地质调查中心和广东佛山地质局在工作区开展了槽型钻、洛阳铲、单人背包钻机（美国绍尔）、浅钻（TGQ-30）、工程机械钻（XY-1）等试验，分析其优缺点及适用条件。

槽型钻、洛阳铲设备轻，极方便携带，对交通条件要求低，用水量小，采样时便于清洗，2～3 人即可完成。一般地区可钻进 2～3m，在花岗岩风化区对于全风化层、强风化层可以钻进约 5m，可完成取样，对第四系砂层和砂砾层不易钻进，且取样困难。两者对软土、砂土取样效率较高，硬黏土钻进困难。相对洛阳铲，槽型钻设备稍贵，但施工效率较高，取样效果较好。

单人背包式钻机是一种适用于山岭、交通和能源不便地区的小型轻便化钻孔设备，它可在小面积内施工，而且能减少对植被的破坏，具有较高的工作效率。项目组使用的美国邵尔便携式浅钻，在替滨镇和罗定市周边开展了钻探试验，钻进取样效果较好，但需水量较大。

TGQ-30 钻机具有整备质量轻（小型车辆可运送），作业场地需求小的特点，设计钻进深度可达 30m。在工作区的花岗岩、碎屑岩、云开岩群等地开展了钻探试验，钻进正常，但在花岗岩强风化取样时需要无水钻进，钻机动力不足，在注水钻进时需要采用化学泥浆护壁（以防塌孔），情况有所改善。需水量较大，需要在水源方便处施工。

XY-1 型矿山钻机设备重、需要场地较大，需水量大，但动力强，在软土及砂层可采用套管护壁，施工作业快，取样效果好，但由于钻孔一般较浅，转场耗时相对较多，且成本较高。

浅钻相比物化探方法具有能够直接揭露基岩岩性、不存在多解性等优势，在强风化区填图可以加以推广。鉴于存在上述主要问题，浅钻在地质填图中若要推广运用，设备和工艺还有待改进。目前将浅钻用作对物化探岩性推断的验证，以及在采用地质、物探、化探等技术手段仍无法推断岩性的情况下使用，对风化层下伏基岩进行直接的揭露。在设计钻探深度较浅时（＜5m），对软土区优先使用槽型钻，硬土区采用背包式浅钻，在钻探深度较大（5～30m）时，若场地足够，优先使用 XY-1（100）型钻机，若场地受限，则采用 TGQ-30 钻机。根据目的、条件不同，采用不同的钻探设备。

第二节　图面表达

对地质图的图面表达形式进行了创新，完整的地质图分为左右两个主图，左侧为基岩地质图，为综合地表地质调查（含露头及根据风化土推测的岩性）、遥感、物化探、钻探等填出的地质图，主要表达岩石、地层、构造和古生物等要素，与传统的地质图基本一致；右侧为风化层地质图，以钻孔数据和地表风化断面调查为依据，表达风化残积土的类型、风化层的厚度等要素，圈定不良工程地质条件类型与范围、地质灾害隐患点，并结合风化土类型、厚度、岩性等要素编制地质灾害风险区划图（图 7-53）和风化矿床找矿远景分区图等辅助性图件置于主图下方。

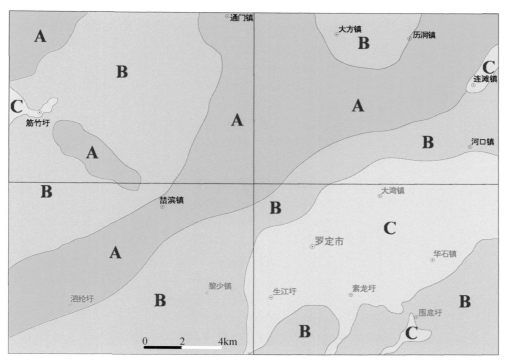

图 7-53　滑坡灾害易发等级图（A：高易发区，B：中易发区，C：低易发区）

第三节 方法组合体系和风化程度划分

通过填图试点工作，开展了各种方法试验，评价了其优缺点，总结了强风化区填图的方法体系（表 4-1）。通过野外调查和室内研究，结合前人的研究成果（王磊和李萼雄，1996；赵善国等，2002；李日运和吴林峰，2004；孔广胜，2005；姚新民等，2007），初步总结了工作区内花岗岩类、变质岩类和红色碎屑岩类的风化程度划分方案和识别标志（表 7-8～表 7-10）。碳酸盐岩属可溶性岩，一般可见的为弱风化或是中风化，全风化、强风化层由于降雨及水流等原因难以保存。鉴于其特殊的风化现象，暂时不宜作风化程度等级的划分，但在野外工作过程中，应鉴定风化断面的完整性，岩石是否存在破碎及溶蚀现象，以及溶蚀规模等。

表 7-8 调查区花岗岩类（那蓬岩体）风化程度划分及识别特征

风化级别	风化程度	野外识别特征（颜色、结构构造保存程度、矿物成分晶形变化、黏土矿物成分及比例、黏手、滑手、锤击声、回弹、掘进方式、难易程度、吸水反应、水解等）	记录形式	对风化母岩的识别
W6	残积土	紫红色、浅紫红色、土黄色等，土状；母岩结构完全破坏，松软；几乎全部为黏土矿物；黏性一般，不滑手；锤击声沉闷，凹痕明显，无回弹；手可掘进，手搓易碎，吸水反应明显，遇水完全崩解，发育植物根系	颜色＋残积土	难以推断岩类
W5	全风化	紫红色、乳白色土、砂土；呈斑点状、花斑状；结构完全破坏，松散状；除石英外，其他矿物基本全部风化蚀变为次生矿物（绢云母、高岭石等），石英多呈粒状，部分石英碎裂化或呈白砂糖状，可见少量长石假象，少量白云母、蛭石；黏土矿物以高岭石、绢云母等为主；黏手、滑手；局部含有强风化之残块，其云母类含量稍高；锤击声沉闷，凹痕明显，无回弹；手可掘进，手搓易碎，吸水明显，遇水完全崩解	颜色＋全风化土、全风化石英砂土	难以推断岩类
W4	强风化	紫红色土状、网纹砂土状，结构完全破坏，松散，含少量石英砂、粉砂；长石类风化为乳白色高岭石，部分保存长石假象，少量长石表面风化；黑云母风化为水黑云母、白云母，多呈浅褐黄色、白色，易分散；石英少量碎裂化；滑手，稍黏手；锤击声沉闷，凹痕明显，无回弹；锤可掘进，手搓易碎，吸水明显，遇水完全崩解	颜色＋强风化＋花岗质岩石	可初步推断岩类
W3	中等风化	灰白色、灰色、灰肉红色等色，碎块状，裂隙发育，风化面呈浅紫红色或灰黑色；结构基本保存；黑云母多风化为紫红色、褐色，易呈分散片状，长石部分风化，晶形保存，晶体轮廓、晶面、解理面较模糊，风化长石占 10%～80%；锤击声不清脆，凹痕不明显，回弹；锤难掘进，锤击易碎，手能掰碎，整体吸水反应轻微，裂隙吸水明显，遇水部分崩解	颜色＋中（等）风化＋花岗岩类定名	可初步判断原岩

续表

风化级别	风化程度	野外识别特征（颜色、结构构造保存程度、矿物成分晶形变化、黏土矿物成分及比例、黏手、滑手，锤击声、回弹、掘进方式、难易程度、吸水反应、水解等）	记录形式	对风化母岩的识别
W2	弱（微）风化	灰白色、灰色、浅肉红色等色，块状，风化面或裂隙面呈浅紫红色或灰黑色；结构明显，黑云母部分风化，局部易分散呈片状，长石类部分风化，多见帘石化，风化长石含量10%以下，晶形保存，晶体轮廓、晶面、解理面较明显；锤击声较清脆，回弹明显；地质锤无法掘进，锤击难击碎，无吸水反应，遇水不崩解	颜色+弱风化+花岗岩类定名	可准确定名
W1	未风化（新鲜）	岩石新鲜，裂隙发育处偶见风化现象；锤击声清脆，回弹明显，锤击难击碎，无吸水反应	花岗岩类定名	可准确定名

表 7-9　调查区变质岩类（云开岩群）风化程度划分及识别特征

风化级别	风化程度	野外识别特征（颜色、结构构造保存程度、矿物成分晶形变化、黏土矿物成分及比例、黏手、滑手，锤击声、回弹、掘进方式、难易程度、吸水反应、水解等）	记录形式	对风化母岩的识别
W6	残积土	紫红色、浅紫红色、土黄色等色土状、砂土状；母岩结构完全破坏，松软，几乎全部为黏土矿物，含少量石英；黏性一般，不滑手；锤击声沉闷，凹痕明显，无回弹；手可掘进，手搓易碎，吸水反应明显，遇水完全崩解，发育植物根系	颜色+残积土	难以推断岩类
W5	全风化	紫红色等色土状、砂土状；结构完全破坏，松散，稍滑手，稍黏手；除石英外，主要为高岭石等黏土矿物，可见少量石英；锤击沉闷，凹陷，手易搓碎，锤可掘进，遇水崩解	颜色+全风化土、全风化石英砂土	难以推断岩类
W4	强风化	紫红色等杂色；结构基本破坏；矿物以石英、云母及黏土矿物为主，呈含石英云母土状、砂土状，云母周缘常见黑色铁锰质浸染；稍滑手，不黏手；锤击沉闷，凹陷；手可搓碎，锤可掘进，遇水部分崩解	颜色+强风化+变质岩类定名	可初步推断岩类
W3	中等风化	紫红、灰绿等色，色泽暗沉；结构尚保存，块状；云母呈集合体状，手搓易沿云母碎裂成小块，云母边缘风化呈紫红色，石英呈颗粒状；不滑手，不黏手；锤击较沉闷，不凹陷；手可掰碎，锤可掘进，遇水不崩解	颜色+中（等）风化+变质岩定名	可判断原岩
W2	弱（微）风化	灰色、灰绿、灰白等色；结构保存，裂隙较少，裂隙处见风化现象，云母呈集合体状；锤击（石英含量高者）声较清脆，回弹；手难掰碎，锤难掘进	颜色+弱风化+变质岩定名	可准确定名
W1	未风化（新鲜）	岩石新鲜；锤击声清脆，回弹；岩块断口边锋利	变质岩定名	可准确定名

表 7-10　调查区红色碎屑岩（白垩系）风化程度划分及识别特征

风化级别	风化程度	野外识别特征（颜色、结构构造保存程度、矿物成分晶形变化、黏土矿物成分及比例、黏手、滑手，锤击声、回弹、掘进方式、难易程度、吸水反应、水解等）	记录形式	对风化母岩的识别
W6	残积土	紫红色、浅紫红色土状、砂土状；母岩结构完全破坏，松软；几乎全部为黏土矿物；黏性一般，不滑手；锤击声沉闷，凹痕明显，无回弹；手可掘进，手搓易碎，吸水反应明显，遇水完全崩解，发育植物根系	颜色+残积土	难以推断岩类
W5	全风化	紫红色、网纹土状、砂土状，色泽暗沉；结构、构造完全破坏，松散；不滑手，稍黏手；裂隙发育，除石英外，其他多为蒙脱石、伊利石等黏土矿物；锤击沉闷，凹陷；手易搓碎，锤可掘进，遇水可崩解	颜色+全风化土、全风化石英砂土	难以推断岩类
W4	强风化	紫红色、网纹硬土状、硬砂土状，色泽暗沉；结构基本破坏，松散，构造略显；孔隙明显，除石英、少量云母外其他矿物多已风化；锤击沉闷，凹陷；手可掰碎，锤可掘进；不易干水	颜色+强风化+碎屑岩类定名（粗、细碎屑岩）	可初步推断岩类
W3	中等风化	紫红色、暗紫红色，色泽暗沉；结构尚保存，块状；风化裂隙发育，裂隙面多为铁锰质浸染；锤击声沉闷，不回弹或不明显；岩块断口不锋利，用手摸无割手感，手可掰碎，锤难掘进；岩心不易干水	颜色+中（等）风化+碎屑岩定名	可判断原岩
W2	弱（微）风化	紫红色、暗紫红色，色泽光鲜；结构、构造保存；锤击声清脆，回弹，锤击可碎；岩块断口边锋利，用手摸有割手感，手难掰碎，岩心易干水	颜色+弱风化+碎屑岩定名	可准确定名
W1	未风化（新鲜）	岩石新鲜，裂隙发育处偶见风化现象，锤击声清脆，回弹、锤击可碎；岩块断口边锋利，用手摸有割手感，岩心易干水。一般不做划分	碎屑岩定名	可准确定名

第八章 区域地质概况

第一节 地 层

在全国地层区划中，调查区隶属华南地层大区中的东南地层区，属云开地层分区的罗定小区（广东省地质矿产局，1996）。区内地层广泛分布，出露的层位有蓟县—青白口系、南华系、寒武系、奥陶系、志留系、泥盆系、石炭系、白垩系和第四系。调查区地层划分沿革见表8-1（地质部广东省地质局，1962；广东省地质调查院，2003）。

区内地层序列划分为15个组级岩石地层单位，并将罗定组划分为两个段级地层单位；划分出一个构造地层单位，即云开岩群，并细分为两个岩组；划分出一个第四纪成因地层单位。（构造）岩石地层单位共计15个（表8-2），有云开岩群第一岩组（Pt_3Y^1）、云开岩群第二岩组（Pt_3Y^2）、大绀山组（Nh_1d）、高滩组（ϵ_3g）、水石组（ϵ_4s）、罗洪组（O_1l）、罗东组（O_2l）、东冲组（O_2d）、古墓组（S_1g）、连滩组（$S_{1-2}l$）、信都组（D_2x）、东岗岭组（D_2d）、连县组（C_1l）、罗定组（K_1l）、铜鼓岭组（K_2t）。另外，将第四系按成因类型划分为冲积层，时代属全新世。

一、云开岩群构造地层

云开岩群属于强风化层，本次工作主要通过风化断面、风化剖面、浅钻、遥感等技术完成了对该群岩性组合和空间分布特征的调查，主要分布于调查区西部的泗纶圩—千官镇一带，总体呈东西－北东向弧形展布。出露面积269.45km²，区内云开岩群按照岩石组合，可划分为两个岩组。

1. 云开岩群第一岩组（Pt_3Y^1）

区内岩性以灰、灰黑、灰绿色变质长石石英砂岩、变质粉砂岩、云母石英片岩等为主。未见底，顶部与云开岩群第二岩组呈断层接触。

2. 云开岩群第二岩组（Pt_3Y^2）

主要由花岗质片麻岩、云母石英片岩、石榴石英云母片岩、石英岩（硅质岩）组成，夹黑云母长石石英变粒岩、阳起石透闪透辉石岩、阳起石绿帘石岩、条带状磁铁矿层、磷矿层及大理岩等，普遍出现了深度变质作用指示矿物——夕线石、蓝晶石、十字石、石榴子石等，普遍发生混合岩化。混合岩化岩石由长英质、花岗质脉体和被改造的基体组成。

表 8-1　调查区地层划分沿革表

地质时代			1：20万罗定幅区调 (1962)	《广东省地质志》(1988)	1：5万零溪调查区区调 (1995)	《广东省岩石地层》(1996)	1：25万阳春幅区调修测 (2004)	本次工作方案
代	纪	世						
新生代	第四纪		第一阶地沉积物		桂平组	冲积阶地	冲积层	冲积层
			第二阶地沉积物					
中生代	白垩纪	晚白垩世	白垩系	闽江群		铜鼓岭组	丹霞组	铜鼓岭组
		早白垩世		罗定群		三丫江组	三丫江组	
古生代	石炭纪	早石炭世	石磴子段	石磴子组		罗定组	罗定组	罗定组
			孟公坳组	邵公坳组		石磴子组	石磴子组	
						连县组	连县组	连县组
	泥盆纪	中泥盆世	东岗岭组	东岗岭组		东岗岭组	天子岭组	东岗岭组
			郁江组	信都组		信都组	春湾组	信都组
	志留纪	中志留世	文山头群	连滩组		连滩组	连滩组	连滩组
		早志留世	连滩群	古墓组		古墓组	古墓组	古墓组
	奥陶纪	晚奥陶世	古墓组	大岗顶组		大岗顶组	大岗顶组	
		中奥陶世	大岗顶组	兰瓮组		兰瓮组	兰瓮组	
		早奥陶世	三尖群	东冲组	东冲组	东冲组	东冲组	东冲组
	寒武纪	晚寒武世	缩尾岭群	罗东组	罗东组	罗东组	罗东组	罗东组
			回龙群	罗洪组	罗洪组	罗洪组	罗洪组	罗洪组
		中寒武世	八村群 上亚群	水石组	水石组	水石组	水石组	水石组
			八村群 中亚群	高滩组	大王坪片岩组	高滩组	高滩组	高滩组
新元古代	南华纪		前寒武系	云开群	黄陵变粒岩组	大绀山组	高滩组	高滩组
							大绀山组	大绀山组
	青白口—蓟县纪					云开岩群	云开群第二组	云开岩群第二岩组
							云开群第一组	云开岩群第一岩组

表 8-2　调查区岩石地层划分表

地质时代			岩石地层单位			岩性及厚度	化石	非正式地层单位	主要岩性
代	纪	世	(岩)群	组	段				
中生代	白垩纪	晚白垩世		镇峰岭组 K₂j		英安质火山质砾岩,复成分砾岩,砂砾岩,含砾砂岩,长石石英砂岩夹钙质粉砂岩,泥质粉砂岩,泥岩,厚度>117m			
		早白垩世		罗定组 K₁l	二段	细粒长石石英砂岩,粉砂岩,粉砂质泥岩及钙质粉砂岩,厚度>2530m	双壳类 Trigonioides kodairai,叶肢介 Bairdestheria sp.		
					一段	复成分砾岩夹各类砂岩,粗中粒长石石英砂岩,细粒长石石英砂岩,钙质粉砂岩,粉砂质泥岩,厚度>3556m			
	三叠纪	早三叠世						片麻岩组 gn (T₁)	黑云母斜长片麻岩,长石麻岩,黑云母石英片岩,黑云变粒岩
								片岩组 sch (T₁)	董青石云母片岩,二云母片岩,混合质云母石英片岩,局部夹变质细粒长石石英砂岩,黑云变粒岩等
								钙硅酸盐岩透镜体 hom (T₁)	方解方柱透闪透辉岩
晚古生代	石炭纪	早石炭世		连县组 C₁l		细晶灰岩,粉晶灰岩,白云岩夹白云质灰岩,厚度>2114.7m			
	泥盆纪	中泥盆世		东岗岭组 D₂d		泥晶灰岩夹少量粉晶灰岩,粗晶灰岩等,厚度>183m	腕足动物: Hypothyridina parallelepipeda (Briun), Atrypa richthofeni (Kayser)		
				信都组 D₂x		细粒长石石英砂岩,细粒石英砂岩,粉砂岩,泥质粉砂岩等,厚度>1093.76m	腕足动物: Athyrisina cf. minor Hayasaka, Indospirifer? sp.		

续表

地质时代			岩石地层单位			岩性及厚度	化石	非正式地层单位	主要岩性
代	纪	世	(岩)群	组	段				
早古生代	志留纪	中志留世		连滩组 $S_{1-2}l$		变质细粒长石石英砂岩夹变质粉砂岩、变质粉砂质泥岩，绢云千枚岩等，厚度大于663.75m	*Glyptograptus* aff. *persculptus* 等笔石带		
		早志留世		古墓组 S_1g		细粒石英砂岩、中细粒石英条带砂岩，深灰色含粉砂质条带泥岩、粉砂质泥岩及页岩，厚度大于543m	卷笔石 *Streptograptus* sp. 化石带		
	奥陶纪	中奥陶世		东冲组 O_2d		角岩化变质细粒长石石英砂岩、角岩化变质粉砂岩等，局部夹有斑点状含红柱石绢云二云长英质岩等，厚>205.6m			
				罗东组 O_2l		斑点状石榴透辉长英质角岩夹角岩化变质杂砂岩等，厚18.4m			
		早奥陶世		罗洪组 O_1l	二段	含砾砂岩、石英砂岩及绢云千枚岩、板岩为主，夹泥质粉砂岩等，厚1577.1m			
					一段	变质粉砂岩、变质细粒岩屑砂岩等，局部夹石英质、砂泥质砾岩透镜体和大理岩透镜体，厚>688.1m			
新元古代	南华纪			大绀山组 Nh_1d		变质细粒长石石英砂岩、绢云千枚岩等			
	青白口纪		云开岩群	第二岩组 $Pt_3\gamma^2$		条带状混合岩、混合二云石英片岩、片麻岩、变粒岩夹变质细粒长石石英砂岩、云母石英片岩和千枚岩，偶夹透辉岩、斜长角闪岩等			
				第一岩组 $Pt_3\gamma^1$		变质细粒长石石英砂岩、变质粉砂岩与云母石英片岩			

基体组成主要为片岩，含少量变粒岩和片麻岩等（图8-1、图8-2），可明显划分出黑云母带、蓝晶石＋十字石带、夕线石带等变质带，属巴罗式中P/T条件下泥质变质岩。变质程度自南东向北西逐渐增高，可达到高角闪岩相。混合岩化带在北西侧被韧性剪切带破坏，由韧性剪切带和硅化破碎带与那蓬岩体相隔。在矿物粒度的表现上一般粒径较粗，多在0.5mm以上，颗粒界线明显，彼此呈不规则或简单的曲线紧密结合，岩石中矿物均成定向排列，片理极为发育，具强烈的丝绢光泽，原岩成分已经面目全非。

图8-1　云开岩群第二岩组中层状片麻岩　　　　图8-2　云开岩群第二岩组混合岩化变粒岩

　　通过对云开岩群四个样品的碎屑锆石测年，其年龄多集中在1.0～1.2Ga，其余年龄段锆石零散分布。暂用最年轻的谐和锆石年龄561Ma限定云开岩群沉积时代的下限，将其归为新元古代。

　　在云开岩群混合岩化岩石中，新发现斜长角闪岩、角闪片岩夹层，上下两侧为片岩。岩石化学初步分析，其原岩应为基性火山岩。关于该层的原岩类型、所属时代和形成环境还有待进一步调查研究。

二、南华纪地层

大绀山组（Nh_1d）

　　区内大绀山组主要分布于围底镇东南侧一带，呈北东向延伸，分布面积约40.01km^2，地层为弱风化，调查期间恰遇新修高速公路开挖的新鲜剖面。主要岩性为石英云母片岩、云母石英片岩、变质石英砂岩、变质长石石英砂岩、变质粉砂岩、石英岩夹黑色碳质千枚岩、灰白色硅质岩、（锰质）灰岩、凝灰岩及黄铁矿层，属泥岩－粉砂岩－砂岩－硅质岩建造。底部以灰白色石英岩夹砾岩为标志与下伏云开岩群第二岩组接触，顶部与石炭纪灰岩呈断层接触，厚度890～1508m。

三、寒武纪地层

寒武系主要为中－弱风化地层，主要分布于筋竹镇—通门镇一带，出露有高滩组和水石组。

1. 高滩组（$\epsilon_3 g$）

区内零星分布于沙口圩—大军坑一带、筋竹镇南部的横洞村—杨梅坑一带。地层普遍发生区域变质，部分叠加接触变质，变形揉皱发育。主要岩性为深灰色夕线黑云二长变粒岩、黑云变粒岩夹少量的夕线二云片岩，自南往北片岩增多，以董青石片岩、云母石英片岩为特征，北侧局部出现绢云板岩，属砂岩－泥岩建造。局部变质较浅，保留有部分原岩特征，为长石石英砂岩夹泥质粉砂岩。该组南侧被那蓬岩体侵入；因后期韧性剪切作用叠加，与北侧的水石组间的界线不太清楚。

2. 水石组（$\epsilon_4 s$）

区内呈北东向展布于筋竹镇—通门镇一带。主要岩性为灰色、浅黄色、红棕色变斑状董青石英二云片岩及少量的变斑状夕线董青黑云石英片岩、二云石英片岩，局部夹微－薄层变质细砂岩，于清水村一带夹有大理岩透镜体，属泥岩－砂岩建造。自南往北薄层变质细砂岩逐渐增多，变质作用逐渐较浅，顶部为千枚岩、变斑状董青绢云板岩夹变质细粒杂砂岩。底部以厚层状中－粗粒石英砂岩的出现为底界，因韧性剪切作用叠加（图 8-3）导致与高滩组的接触界线不清晰；其上与罗洪组之岩屑砂岩或砾岩呈水下冲刷不整合接触。

图 8-3　水石组野外强韧性剪切变形照片

四、奥陶纪地层

奥陶系为弱风化地层，主要分布于调查区的北部筋竹镇—大方镇一带，总体呈北东向延伸，总面积约 135.65km²。据岩性组合特征，可划分为三个岩石地层单位，即罗洪组、罗东组和东冲组。

1. 罗洪组（O₁l）

罗洪组在调查区主要分布于筋竹镇北，以大套砾岩层为标志与下伏水石组呈平行不整合接触，与上覆罗东组呈整合接触。该组底部为砾岩、含砾砂岩。砾石磨圆度好，一般为椭圆状，少数为圆球状，胶结物为泥质、粉砂质及细砂，杂基支撑，基底式胶结，砾石具有一定的分选性，砾石扁平面、长轴一般与层面平行（图 8-4），局部可见呈叠瓦状排列，具正粒序韵律特征，砾岩的顶底均为泥岩，底部可见有冲刷现象，为深海浊流相水道堆积的产物。上部为深水粉砂岩 – 泥页岩段，色暗，水平层理非常发育，单个纹层厚度一般小于 1mm（图 8-5），由粉砂岩和泥岩互层组成，受挤压变形，常见有褶皱发育，区域上延伸稳定，为深水静水条件下缓慢沉积产物。

图 8-4　罗洪组底部砾岩具定向排列

图 8-5　罗洪组深水粉砂岩 – 泥页岩

2. 罗东组（O₂l）

罗东组在调查区仅见于广西筋竹镇北，出露面积很小，呈北东向窄条状分布。岩性为灰白、浅灰 – 绿色，少数为深灰色的黑云红柱斜黝帘石角岩、透辉石角岩、阳起石英角岩、硅灰透辉石角岩、角岩化钙质硅质岩。厚 10 ～ 30m。以灰黑色薄层硅质岩为标志，与下伏罗洪组及上覆东冲组均呈整合接触。

该组层位比较稳定，各处厚度变化不大。因侏罗纪花岗岩的侵入使之发生了接触热变质作用，变成了角岩。岩矿鉴定分析报告显示该套岩石中的钙、镁、硅质、泥质含量高，少数尚残存有碳酸盐矿物（方解石）。野外可见角岩形成与碳酸盐岩类风化极其相似的溶蚀槽沟（图 8-6）和残存的方解石脉（图 8-7），表明该角岩接受接触热变质作用可能发生在风化之后，与该组周边遍布燕山期侵入岩也是吻合的。该组原岩可能为含泥质硅质白云质灰岩、硅质泥灰岩，或钙质硅质岩。岩层以薄层状为主，发育微层理及条带状构造，少数为中厚层状，颜色以灰绿色、黑灰色为主，反映了浅海陆棚相的沉积特征。

3. 东冲组（O₂d）

区内主要分布于筋竹镇大田界一带。主要岩性为薄 – 中层状灰、灰黄色中细粒石英杂砂岩、细粒石英砂岩、泥岩，局部为石英绢云千枚岩、绢云石英千枚岩、泥灰岩及含碳质

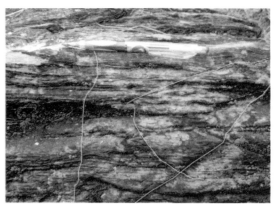

图 8-6　罗东组溶蚀槽沟　　　　　　　　图 8-7　罗东组残存方解石脉

泥岩，属砂岩－泥岩－千枚岩建造。底部以深灰色板岩的出现，灰黑色薄层硅质岩与碳质板岩的消失为底界。与下伏罗东组为整合接触。厚 241m。该组北侧被白垩纪花岗岩侵入。

五、志留纪地层

志留系为弱风化地层，分布于郁南县连滩镇西侧，呈北东向展布，出露面积约 90.88km²。据岩性组合特征，可划分为两个组级岩石地层单位，即古墓组和连滩组。

1. 古墓组（ S_1g ）

区内分布于郁南县连滩镇北侧，呈北东向带状分布。主要岩性为灰、浅黄色细粒石英砂岩、中细粒石英杂砂岩、深灰色含粉砂质条带泥岩、粉砂质泥岩及页岩，底部见大量灰色条带状页岩。发育由细粒长石石英砂岩和粉砂岩组成的基本层序，其中的砂岩成分含量较高，属砂岩－页岩建造。含卷笔石 *Streptograptus* sp. 化石带，与其共生的有 *Petalolithus hispanicus*（Haberfelmer），*Spirograptus* sp.，*S.minor* Boucek。与上覆连滩组为整合接触，与下伏奥陶纪地层为断层接触。厚度＞ 543m。该组北西侧被那蓬岩体所侵入（广东省地质调查院，2003）。

2. 连滩组（ $S_{1-2}l$ ）

志留系连滩组在区内出露于郁南县连滩镇北侧，呈北东向带状分布。主要岩性为条带状页岩夹粉砂岩、砂岩组合，薄层状为主，岩石颜色以灰、灰绿、黑色为主，水平纹层发育（图 8-8），页岩中页理极容易剥开，属页岩建造，含丰富的笔石化石（图 8-9），指示了深海滞流还原沉积环境。常发育由粉砂岩和页岩组成的基本层序，单个基本层序厚度一般＜2m。底部以大套细粒长石石英砂岩的消失为底界，与下伏古墓组呈整合接触。

区内连滩组的条带状页岩中产大量笔石化石，含 10 个笔石带：① *Glyptograptus* aff. *persculptus* 带；② *Pristiograptus atavus* 带；③ *Demirastrites triangulatus* 带；④ *Demirastrites convolutus* 带；⑤ *Monograptus sedgwicki* 带；⑥ *Rastrites maximus* 带；⑦ *Spirograptus turriculatus* 带；

图8-8 连滩组页岩纹层理发育 图8-9 连滩组页岩中丰富的笔石化石

⑧ *Streptograptus crispus* 带；⑨ *Monoclimacis* cf. *griestoniensis* 带；⑩ *Oktavites spiralis-Stomatograptus grandis* 带（广东省地质调查院，2003；于志松等，2017）。厚度大于224m。

六、泥盆纪地层

泥盆系为弱风化地层，局部见采坑，出露新鲜基岩，分布于郁南县连滩镇南侧，被后期断裂破坏呈残块出露，总体呈北东向延伸，总面积约25.84km²。据岩性组合特征可划分两个地层单位，即信都组和东岗岭组。

1. 信都组（D₂x）

区内主要分布于郁南东坝镇一带，出露面积较小。其主要岩性为石英砂岩、粉砂质泥岩及泥岩，属砂岩－泥岩建造，与上覆东岗岭组呈整合接触。产 *Athyrisina* cf. *minor* Hayasaka，*Indospirifer*? sp.，*Tylothyris* cf. *chui*（Grabau），*Mucrospirifer* sp. 等化石。常发育由细粒石英砂岩和泥质粉砂岩组成的基本层序。总厚度＞330m。

2. 东岗岭组（D₂d）

区内主要分布于郁南县河口镇—连滩镇一带及罗定市替滨镇附近。主要岩性由灰－深灰色薄层状泥晶灰岩、粉晶灰岩、白云质灰岩等组成，局部为假鲕状灰岩、生物碎屑灰岩夹晶屑粒屑灰岩、泥质绢云母页岩、钙质泥岩、粉砂岩，属泥晶灰岩建造，与下伏信都组呈整合接触，产 *Hypothyridina parallelepipeda*（Briun），*Atrypa richthofeni*（Kayser）等化石。

七、石炭纪地层

分布于罗定盆地东缘的围底镇一带，多被早白垩世红色碎屑岩或第四纪松散堆积物所覆盖，岩石露头较差，出露面积约25.80km²，局部形成喀斯特地貌，仅有连县组一个地层单位。

连县组（C₁l）

区内主要分布于罗定市围底镇—山口岗一带，呈北东向展布。主要岩性为灰色中厚层状细晶白云岩、白云质灰岩夹少量灰黑色泥质灰岩，属白云质灰岩–白云岩建造组合，被上覆白垩系不整合覆盖。厚度＞642m。

八、白垩纪地层

主要分布于罗定盆地中，地层风化较强，多为农田覆盖，但分布较多的砖厂采坑，在调查期间恰遇新修高速公路开挖的新鲜剖面。白垩系东侧角度不整合于下伏下石炭统石连县组之上，西侧与云开岩群呈断层接触。筋竹镇一带也有少量分布，分布总面积约611.15km²。

据盆地沉积物的组成特点，可划分出两个组级岩石地层单位，即罗定组和铜鼓岭组。

1. 罗定组（K₁l）

区内分布范围较广，主要分布于黎少镇—河口镇一带。岩性主要为紫红、浅红色厚层复成分砾岩、细粒长石石英砂岩、粉砂岩、粉砂质泥岩夹杂砂岩、细粒长石石英砂岩等，呈角度不整合接触覆盖于下伏地层或岩体之上。发现有双壳类 *Trigonioides kodairai*（广东省地质矿产局，1996）、叶肢介 *Bairdestheria* sp. 等化石（广东省地质调查院，2003）。总厚度大于2886m。

根据岩性组合、沉积旋回等特征，自下而上可将罗定组进一步划分为罗定组一段和罗定组二段，各岩性段特征如下：

1）罗定组一段（K₁l¹）

主要岩性为紫红色砾岩（图8-10）夹含砾砂岩、粗砂岩、中–细粒长石石英砂岩、粉砂质泥岩以及钙质粉砂岩，以砾岩为主，正粒序层理、冲刷面非常发育。主要表现为向上变细变薄型基本层序：由含砾砂岩、砾岩组成，砾石成分受当地物源影响明显（图8-10），粗砾级，为圆状，分选较差，具定向性，发育粒序层理，底部有冲刷面。单个基本层序厚度＜8m。岩石颜色以紫红色为主，表明当时为陆相干旱–半干旱的气候环境。砾岩中砾石的磨圆度较好，多为椭球状、圆球状，具一定定向性。其他碎屑成分复杂，分选性及磨圆度均较差。岩石应为遭受强烈物理剥蚀、搬运距离近、较快堆积的产物。表明一段总体为冲积扇、入湖河流非常发育的滨浅湖沉积环境。

2）罗定组二段（K₁l²）

主要岩性为紫红色粉砂岩、细砂岩、粉砂质泥岩、页岩及钙质粉砂岩，局部夹含砾砂岩。常发育大型冲刷构造（图8-11）。常见由粉砂岩和泥页岩组成向上变细变薄的基本层序，粉砂岩、页岩中常见水平层理发育，单个基本层序厚度一般＜4m。底部整合接触于罗定组一段砾岩之上。

罗定组粒度具自下而上由粗变细的趋势。横向上，由南东至北西，表现为砾石砾径变小、砾石含量变少以及砂质、粉砂质的增多。岩层产状平缓，倾角一般小于5°。

图 8-10　盆地北缘罗定组一段砾岩　　　　　　　图 8-11　罗定组二段发育大型冲刷面

2. 铜鼓岭组（K_2t）

区内分布于围底镇北部、河口镇望君山一带及筋竹镇西侧。主要岩性为紫灰、紫红色厚层状火山质砾岩、砾岩（图 8-12）、砂砾岩、含砾砂岩、长石石英砂岩夹钙质粉砂岩、泥质粉砂岩、泥岩等，往上颗粒逐渐变细，常发育由砾岩和砂砾岩组成的基本层序，本调查区未见顶。该组砾石成分复杂，分选性差，大小杂乱，无定向，表现出山间盆地 - 山前磨拉石快速堆积的特点。该组在望君山一带形成小规模的丹霞地貌（图 8-13），其山壁陡立、山形高耸。属复成分砾岩 - 砂岩 - 泥岩建造，总体表现出山间盆地堆积的特点。底部以紫红色厚层状砾岩不整合于下伏罗定组之上。

图 8-12　铜鼓岭组大套的紫红色砾岩层　　　　　图 8-13　铜鼓岭组形成的丹霞地貌

九、第四纪成因地层

分布于山沟和河流两岸，主要利用天然陡坎、槽型钻和遥感等调查技术方法。第四系主要由黄褐、土黄、棕红色砂砾、含土砂砾、砂层、黏土、腐殖土等组成。堆积物松散未固结，地表多为农田耕地，种植有农作物，为冲积成因。按地貌可划分出河漫滩、一级阶地等地貌类型，时代为全新世。

第二节　侵　入　岩

调查区岩浆岩较发育，分布广泛，风化强烈，形成丘陵地貌，植被覆盖较厚，主要利用天然陡坎、化探、浅钻和遥感等调查技术方法。岩浆岩主要位于图幅中部、南东部、北西部地区，未见火山岩出露。形成时代由老到新分别为三叠纪、白垩纪，所对应的构造期次为印支期、燕山期，所形成的岩石类型以中酸性侵入岩为主，以花岗岩类分布最广。岩浆活动与构造运动、矿产的形成关系极为密切，区内的铝土矿、石英矿等均分布在岩浆岩内及周边。

一、概述

本次工作对调查区内侵入岩进行了系统分析与总结，并通过实测资料，将调查区内侵入岩划分为 6 个"岩性＋时代"填图单位，其中三叠纪 1 个，白垩纪 5 个（详见表 8-3）。

表 8-3　调查区侵入岩填图单位划分表

代	纪	世	构造期次	地质代号	主体岩性	与围岩关系	同位素年龄 /Ma（测试方法）	侵入体编号及名称	面积/km²
中生代	白垩纪	晚白垩世	燕山期	$\eta\gamma K_2^{2b}$	粗中粒黑云母二长花岗岩	侵入 $\eta\gamma K_2^{2a}$、罗洪组（$O_1 l$）、$\gamma m T_1^a$	90.1 ± 1.9（LA-ICP-MS 锆石 U-Pb）	1 冲儿、2 六律、3 洞头口、4 文富	21.53
				$\eta\gamma K_2^{2a}$	细中粒（斑状）黑云母二长花岗岩	侵入 $\delta\eta o K_1$、罗洪组（$O_1 l$）	97.4 ± 0.3（LA-ICP-MS 锆石 U-Pb）	5 黄茅、6 下古务	30.89
				$\gamma\pi K_2$	花岗斑岩	侵入罗定组（$K_1 l$）、$\gamma m T_1^a$	99.4 ± 3.0（LA-ICP-MS 锆石 U-Pb）	7 金银河、8 石咀、9 双全坑、10 山柏	34.45
		早白垩世		$\delta\eta o K_1$	细粒斑状石英二长闪长岩	被 $\eta\gamma K_2^{2a}$ 侵入，侵入 $\eta\gamma K_1$	102.4 ± 0.7（LA-ICP-MS 锆石 U-Pb）	11 古响	1.05
				$\eta\gamma K_1$	细粒斑状黑云母二长花岗岩	侵入罗洪组一段（$O_1 l^1$）	106.6 ± 0.4（LA-ICP-MS 锆石 U-Pb）	12 云龙、13 石头坑、14 大头塘	5.77
	三叠纪	中三叠世	印支期	$\eta\gamma T_2$	细中粒（含斑）黑云母二长花岗岩	侵入 $\gamma m T_1^a$、连滩组 $S_{1-2} l$、东岗岭组（$D_2 d$）	246.7 ± 7.1（LA-ICP-MS 锆石 U-Pb）	15 里城、16 甘草塘、17 历洞、18 八角、19 维寨、20 南塘坑、21 茅坪、22 六月坑、23 斯富坪	43.11

侵入岩形成期次为印支期、燕山期：其中印支期岩浆岩由 9 个侵入体组成，呈岩株、岩脉状产出，本次将"那蓬岩体"（前人划为侵入岩）划归为变质杂岩体，不在此节讨论；燕山期岩浆岩以岩浆侵入作用为主，形成调查区的侵入岩主体，呈岩基、岩株、岩脉状产出。

二、印支期侵入体

1. 地质特征

该套侵入岩呈岩株状分布于区内北东部，由 9 个侵入体组成，出露面积 43.11km²，侵入云开岩群、那蓬变质杂岩体、奥陶系、片岩组 sch（T_1）及片麻岩组 gn（T_1），岩体侵入围岩接触带发生角岩化，宽数米至数十米，带内发育长英质角岩、角岩化砂岩、粉砂岩等。归为一个侵入单位：细中粒黑云母二长花岗岩（$\eta\gamma T_2$）。

2. 岩石学、岩石地球化学特征

主体岩性为细中粒（含斑）黑云母二长花岗岩，矿物粒度及斑晶含量不均匀，具相变特征。岩石具细中粒花岗结构，块状构造，局部含少量板状钾长石斑晶。基质组成矿物多呈半自形粒状，矿物成分以长石、石英和黑云母为主。长石以钾长石为主，斜长石为辅。黑云母呈半自形片状–不规则状，多退变为绿泥石和白云母。副矿物含量少，主要有赤褐铁矿、锆石等。

细中粒黑云母二长花岗岩主量元素特征显示其酸度较高，过铝质、高钾钙碱性的"S"型花岗岩。其稀土元素地球化学特征显示，稀土总量很低，轻稀土富集且分馏程度较大，表明该期侵入岩为晚期演化阶段形成的花岗岩。球粒陨石标准化分布曲线呈"V"形，形态为左高右低的轻稀土富集型，Eu 负异常明显。

3. 温压条件及形成时代

在 Q-Ab-Or 图解中，采集的样品落入低温槽区外，显示出该期侵入岩具形成温度高、压力低的特征，形成温度接近 800℃，压力小于 50MPa，OX 值为 0.58，氧化程度中等。根据相关调查数据，本期侵入岩的侵位年龄为 246.7±7.1Ma，属中三叠世。

三、燕山期侵入岩

1. 地质特征

调查区燕山期侵入岩分布较广泛，主要分布于南东部和北西部，包括南东部的金银河花岗斑岩体、北西部的黄茅岩体等。该期侵入岩侵入区内多个地质体，围岩与其接触处多发生角岩化、绿泥石化等，岩体内部可见围岩捕房体。如晚白垩世粗中粒黑云母二长花岗岩（$\eta\gamma K_2^{2b}$）侵入罗洪组（O_1l），界线处可见 0.3～0.5m 宽的细粒边结构，围岩发生角岩化；晚白垩世花岗斑岩（$\gamma\pi K_2$）侵入罗定组（K_1l）地层中，围岩发生角岩化；在晚白垩世细中粒（斑状）黑云母二长花岗岩（$\eta\gamma K_2^{2a}$）中可见细粒斑状石英二长闪长岩（$\delta\mu o K_1$）捕房体，呈椭球状，大小 0.5 ～ 1.5m，显示出前者侵入后者的关系。

将燕山期侵入岩划分为五个填图单位：①细粒斑状黑云母二长花岗岩（$\eta\gamma K_1$），②细粒斑状石英二长闪长岩（$\delta\eta o K_1$），③花岗斑岩（$\gamma\pi K_2$），④细中粒（斑状）黑云母二长花岗岩（$\eta\gamma K_2^{2a}$），⑤粗中粒黑云母二长花岗岩（$\eta\gamma K_2^{2b}$）。

2. 岩石学特征

1）细粒斑状黑云母二长花岗岩（$\eta\gamma K_1$）

该期侵入岩主要分布在调查区北西部广西云龙村附近，呈串珠状产出，发育两个侵入体，岩石手标本呈深灰 - 灰黑色，似斑状结构，块状构造。岩体中发育大量闪长质包体，包体多呈椭球 - 球状，粒径大小不一，1 ～ 10cm 不等，少数可达 10cm 以上。

岩石斑晶含量达 25% 或更高，以钾长石、斜长石为主，石英为辅，可见少量黑云母，钾长石斑晶粒度较为粗大，以 5mm 以上为主，斜长石斑晶呈自形柱状、粒柱状，发育双晶和环带结构，石英斑晶则呈粒状，黑云母斑晶多呈片状；基质多呈细粒半自形粒状结构，粒径小于 1mm，主要由细粒石英、长石、黑云母组成。

2）细粒斑状石英二长闪长岩（$\delta\eta o K_1$）

分布于调查区北西部黄茅村附近，呈岩株状产出，手标本呈灰色 - 灰黑色，风化色呈灰白色，具似斑状结构，块状构造。岩体中常见奥陶系沉积岩捕房体，岩性为角岩化变质细粒长石石英砂岩。

斑晶：含量 15% ～ 20%，主要为斜长石，次为钾长石，少数为黑云母，斜长石呈白色 - 灰白色，自形柱粒状，粒径大小不一，以 5 ～ 10mm 为主，少数小于 5mm，可见聚片双晶；钾长石多呈半自形柱粒状，内部包裹大量基质中的自形矿物，粒径 3 ～ 6mm；黑云母呈片状、板状晶，粒径 3 ～ 5mm。

基质：呈微 - 细粒结构，粒径多为 0.1 ～ 0.5mm，组成矿物多为钾长石、斜长石、石英，次为角闪石、黑云母等，多呈自形 - 半自形。

3）花岗斑岩（$\gamma\pi K_2$）

该期侵入体为调查区分布最广的燕山期侵入体，分布于调查区南东侧及中部，呈岩株、岩墙、岩脉状产出，调查区南东部的金银河岩体为该期侵入体的主要组成部分。

岩石呈灰色，风化色呈灰白 - 白色，呈斑状结构，块状构造。斑晶含量 25% ～ 30%，以石英、钾长石为主，少量黑云母，斑晶晶形较好：石英可见六方柱、三方锥晶形，粒径 2 ～ 10mm；钾长石呈板柱状，粒径 2 ～ 5mm。基质呈隐晶质，由石英、长石组成，含少量黑云母。

4）细中粒（斑状）黑云母二长花岗岩（$\eta\gamma K_2^{2a}$）

该期侵入体分布于调查区北西角，呈岩基状产出。岩石呈灰白 - 肉红色，风化色呈白色，局部含少量斑晶，块状构造。斑晶以钾长石为主，含量小于 5%，呈板状、柱状晶，粒径 0.5 ～ 2cm 不等。基质组成矿物有石英、长石、黑云母等：长石含量约 65% ～ 70%，由钾长石、斜长石组成，两者含量相当，长石呈半自形板柱状、粒状晶；石英含量约 20% ～ 25%，呈他形填隙于矿物之中；黑云母含量 5% 左右，较自形，呈片状、板状。

5）粗中粒黑云母二长花岗岩（$\eta \gamma K_2^{2b}$）

该期侵入体位于调查区北东部，呈岩株状产出，侵入围岩之中。岩石呈灰白–肉红色，风化色多呈白色。岩石呈花岗结构，块状构造。主要矿物组成有：石英 35%，以他形为主，呈集合体产出，集合体粒度大于 5mm；钾长石 30%，斜长石 30%，呈板状，半自形–自形，粒度 3～10mm，以中粒为主；暗色矿物黑云母占 5%。

3. 形成时代讨论

调查区燕山期各期侵入体均采集同位素年龄样品，进行 LA-ICP-MS 锆石 U-Pb 测年，获得了各期次侵入岩的谐和年龄，可以得出，燕山期各期次侵入岩谐和年龄跨度为 90.1±1.9～106.6±0.4Ma，集中在白垩纪，未见侏罗纪侵入体。①细粒斑状黑云母二长花岗岩（$\eta \gamma K_1$）获得锆石 U-Pb 同位素年龄为 106.6±0.4Ma，为早白垩世最早一期侵入体；②细粒斑状石英二长闪长岩（$\delta \eta o K_1$）获得锆石 U-Pb 同位素年龄为 102.4±0.7Ma。为早白垩世晚一期侵入体；③花岗斑岩（$\gamma \pi K_2$）获得锆石 U-Pb 同位素年龄为 99.4±3.0Ma，侵入年代定为晚白垩世；④细中粒（斑状）黑云母二长花岗岩（$\eta \gamma K_2^{2a}$）获得锆石 U-Pb 同位素年龄为 97.4±0.3Ma，其侵位时代定为晚白垩世；⑤粗中粒黑云母二长花岗岩（$\eta \gamma K_2^{2b}$）获得锆石 U-Pb 同位素年龄为 90.1±1.9Ma，侵位时代为晚白垩世。

由上可得，燕山期各侵入体相互关系及顺序已基本理清，按照细粒斑状黑云母二长花岗岩（$\eta \gamma K_1$）—细粒斑状石英二长闪长岩（$\delta \eta o K_1$）—花岗斑岩（$\gamma \pi K_2$）—细中粒（斑状）黑云母二长花岗岩（$\eta \gamma K_2^{2a}$）—粗中粒黑云母二长花岗岩（$\eta \gamma K_2^{2b}$）的先后顺序演化并侵位。

四、岩脉

调查区岩脉较发育，以花岗斑岩脉、伟晶岩脉、花岗岩脉、石英斑岩脉为主，风化较弱，广泛侵入前泥盆纪地层及各期花岗岩之中，走向不一，以北东向为主，北西向次之，脉宽几厘米至数十米不等。其中调查区广泛发育大量花岗岩、花岗斑岩脉（图 8-14），野外观察可达 30 条之多，侵入界线清晰，总体产状以北西–南东及北东–南西为主，脉宽数十厘米至 10m 不等；调查区东北角发育较多伟晶岩脉（图 8-15），脉宽大多 0.2～5m，

图 8-14　花岗斑岩脉结构特征

图 8-15　伟晶岩脉野外露头

产状较杂乱，其间往往伴生有黄铁矿化、白云母化等。

第三节 变 质 岩

调查区地处粤西云开地块的北西缘，区域性断裂博白－岑溪－罗定－广宁断裂带从调查区内通过。变质作用在古生代至新生代均有表现，存在不同类型、不同期次变质作用的叠加改造。变质岩在调查区内分布面积约 1078.95km²，占测区总面积的 56.9%。在本次填图工作中，利用各种调查方法，详细调查了露头尺度的岩石成分、结构和构造特征，圈定各填图单位的界线，也采集了丰富的新鲜样品，进一步研究了变质岩的类型、变质作用以及各类变质岩的地球化学特征和时代等。

调查区内的变质岩根据变质作用类型和成因，可分为区域变质岩、接触－热变质岩、动力变质岩、气－液变质岩等类型。其中以区域变质岩为主，动力变质岩和接触－热变质岩大多叠加在区域变质岩之上（图 8-16）。

现根据变质作用类型，对各种变质岩分述于下。

一、区域变质岩及其变质作用

调查区的区域变质岩分布最为广泛，主要发育在那蓬变质杂岩体及片岩组和片麻岩组、云开岩群、南华系、奥陶系、志留系中，变质程度较深者集中发育在那蓬变质杂岩体中。根据变质作用可以分为区域动力热流变质作用（造山变质）和低温低压区域变质作用。

区域动力热流变质作用（造山变质）形成的岩石主要为云开岩群，岩性主要由变质长石石英砂岩、二云母片岩、夕线石二云母片岩、含蓝晶石二云母石英片岩、含更长石黑云母石英片岩、变粒岩和片麻岩等组成，岩石片理极为发育，变质程度相对较深，为绿片岩相－角闪岩相区域动力热流变质，并且叠加了区域混合岩化作用，混合岩较为发育。

低温低压区域变质作用形成的地层主要有南华系、奥陶系和志留系。南华纪地层为大绀山组，岩性主要为绢云千枚岩、变质粉砂岩、变质长石石英砂岩等。岩石受构造影响，劈理发育，变质程度为绿片岩相；奥陶纪地层包括罗洪组、罗东组、东冲组。罗洪组主要由变质砂砾岩、变质含砾长石石英砂岩、变质长石石英砂岩、变质粉砂岩和受动力热流变质而成的堇青石二云母片岩、堇青夕线黑云片岩、夕线黑云石英片岩等组成。罗东组主要由钙硅角岩、透辉石角岩等组成，东冲组主要由红柱石角岩、角岩化细粒长石石英砂岩等组成，叠加接触变质作用。变质程度属绿片岩相；志留纪地层，包括古墓组、连滩组，岩性主要由轻变质砂岩、板岩、千枚岩、变质粉砂岩、变质长石石英砂岩等组成。变质程度较低，为低绿片岩相。

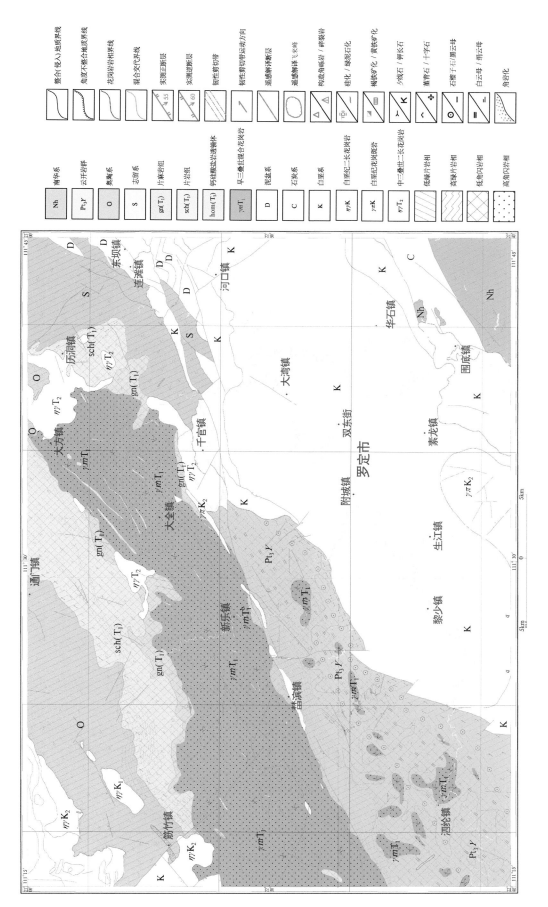

图 8-16　调查区变质岩分布及区域变质相划分图

图例：

Nh	南华系
Pt₃y	云开岩群
O	奥陶系
S	志留系
gn(T₁)	片麻岩组
sch(T₁)	片岩组
hom(T₁)	角闪变质岩透镜体
γπT₁	早三叠世混合花岗岩
D	泥盆系
C	石炭系
K	白垩系
ηγK	白垩纪二长花岗岩
γγK	白垩纪花岗斑岩
ηγT₂	中三叠世二长花岗岩
	低绿片岩相
	高绿片岩相
	低角闪岩相
	高角闪岩相

整合(侵入)地质界线
角度不整合地质界线
花岗岩岩相界线
混合交代化界线
实测正断层
实测逆断层
韧性剪切带
韧性剪切带运动方向
遥感解译断层
遥感解译飞来峰
构造角砾岩/碎裂岩
硅化/绿泥石化
褐铁矿化/黄铁矿化
夕线石/钾长石
蓝晶石/十字石
石榴子石/黑云母
白云母/绢云母
角岩化

（一）岩石特征

根据岩石学特征，调查区接触－热变质岩可划分为 11 类：极低级变质作用岩石；板岩类；千枚岩类；片岩类；石英岩；变粒岩类；片麻岩类；斜长角闪岩；混合质岩石；混合岩；混合花岗岩。

极低级变质作用岩石主要分布在调查区西北角筋竹—庙湾—通门一带奥陶系和东北角连滩镇附近志留系中，代表性岩石有变质含砾长石石英砂岩、变质（泥质）细粒石英砂岩、变质粉砂岩、变质（含砾）泥质粉砂岩等。

板岩类主要分布在调查区西北角筋竹—庙湾—通门一带奥陶系中，主要为石英绢云板岩、绢云板岩。岩石呈灰－青灰色，中薄－薄层状。岩石因受变质作用，使部分绢云母集合体产生一组细小的皱纹，从而显示显微皱纹构造。

千枚岩类主要分布在调查区西北角筋竹—庙湾—通门一带奥陶系、东北角连滩镇附近志留系和东南角南华系中。代表性岩石有绢云千枚岩、长英质绢云千枚岩，与轻变质的砂砾岩、泥质岩等组成韵律层。其一般呈浅黄色－灰黑色，薄层状。

片岩类主要分布于调查区内云开岩群及早三叠世片岩组中。代表性岩石有白云母片岩、二云母片岩、白云母石英片岩、黑云母石英片岩、（含）夕线黑云堇青片岩、黑云堇青片岩和角闪石片岩等。含有特征变质矿物夕线石、堇青石。

石英岩在调查区较为少见。原岩多为石英砂岩，其泥质等填隙物含量较低，镜下呈均匀的细粒粒状变晶结构，石英含量达 95% 以上。

变粒岩类主要分布于调查区云开岩群和奥陶系中，代表性岩石有（夕线石）黑云斜长变粒岩、二长变粒岩、含石榴子石黑云斜长变粒岩、夕线石二云二长变粒岩等。岩石呈灰色，主要由石英、斜长石、黑云母、白云母组成。部分变粒岩常包含有部分浑圆状的石英及毛发状的夕线石，构成了筛状变晶结构。

片麻岩类是云开岩群中分布较广的一种岩石类型。代表性岩石有黑云斜长片麻岩、黑云二长片麻岩、黑云钾长片麻岩和少量二云二长片麻岩、二云斜长片麻岩等。岩石呈灰色、灰黑色、灰黄色，具鳞片粒状变晶结构、斑状变晶结构，片麻状构造。主要由石英、斜长石、黑云母、钾长石组成。

斜长角闪岩仅发育在泗纶镇西侧云开岩群中，斜长角闪岩与云母石英片岩呈互层状产出，单层厚度 1～2m，层面与片理面相平行。岩石呈灰色、灰黑色，呈中等－强风化，镜下具细粒粒状变晶结构，总体呈无定向均匀分布，矿物成分以普通角闪石为主，黄褐色，具较显著的多色性，斜长石为辅，含少量石英，微量黑云母。岩石中含微量副矿物榍石和铁质矿物。

混合岩化岩石主要发育在那蓬变质杂岩体中地层残留体以及围岩中。主要有方解方柱透闪透辉岩、混合质斜长片麻岩、混合质黑云母二长片麻岩、长英质细脉混合质黑云母石英片岩等。可见花岗质脉体发育，脉体所占比例一般小于 15%。

混合岩主要发育在那蓬变质杂岩体接触界线附近。岩性主要为眼球状混合岩、长英质细脉黑云混合岩、条带状混合岩、阴影状混合岩等。岩石脉体含量大于15%，部分达30% ～ 40%。

混合花岗岩是那蓬杂岩体的主体岩性。原岩岩性、温度、压力、流体等变质条件的差异，造成岩石在矿物、结构、构造上表现出强烈的不均匀性，并可进一步划分为三类岩石，即三个填图单元：中细粒（斑状）黑云母二长混合花岗岩（γmT_1^a）、细粒黑云母二长混合花岗岩（γmT_1^b）、弱片麻状中细粒黑云母二长混合花岗岩（γmT_1^c）。

（二）区域动力热流变质作用特征

区域动力热流变质作用发生在云开岩群、片岩组 sch（T_1）、片麻岩组 gn（T_1）、钙硅酸盐岩透镜体 hom（T_1）以及那蓬变质杂岩体中，形成了一系列递增变质带。

1. 云开岩群的变质作用

云开岩群根据岩性组合和变质程度可划分为云开岩群第一岩组和云开岩群第二岩组。云开岩群第一岩组岩性主要为变质细粒长石石英砂岩、变质粉砂岩和云母石英片岩，岩石总体变质程度较低，仅达绿片岩相。云开岩群第二岩组岩性主要为片麻岩、（含）石榴子石二长变粒岩、夕线石二云母片岩等，岩石变质程度较高，达角闪岩相。岩石部分发生混合岩化作用。

1）变质相带划分

通过对云开岩群变质岩剖面中特征变质矿物和共生矿物组合的研究，根据泥质变质岩和变质基性岩中变质矿物的出现、消失、转变等反应关系可将其划分为黑云母带、石榴子石带、十字石带、夕线石 + 白云母（蓝晶石）带、夕线石 + 钾长石带。现分述如下：

黑云母带主要分布于递增变质带最外围，总宽度约1480m，与罗定组二段（$K_1 l^2$）呈断层接触。岩性主要为黑云母石英片岩、二云母石英片岩、二云母片岩、变质长石石英砂岩等。以泥质变质岩中普遍出现绢云母、白云母、黑云母等变质矿物为特征。其中代表性的变质矿物共生组合为：Q+Bi+Ms；Q+Pl+Bi+Ms；Q+Chl+Bi+Ms；Q+Chl+Bi+Ms+P；Q+Ms+Pl；Q+Bi+Ms+Pl。以上六个共生矿物组合代表了云开岩群低绿片岩相（黑云母带）的主要标志（矿物代号见表8-4）。

表8-4　矿物代号对照表

矿物代号	矿物名称	矿物代号	矿物名称	矿物代号	矿物名称
Ab	钠长石	Czo	斜黝帘石	Or	正长石
Als	铝硅酸盐	Di	透辉石	Pl	斜长石
An	钙长石	Ep	绿帘石	Q	石英
And	红柱石	Gt	石榴子石	Ser	绢云母
Bi	黑云母	Hb	角闪石	Sil	夕线石
Cal	方解石	Kf/Klf	钾长石	St	十字石
Chl	绿泥石	Ky	蓝晶石		
Crd	董青石	Ms	白云母		

　　石榴子石带总宽度约 500m。以泥质变质岩中普遍出现石榴子石等变质矿物为特征。岩性主要为（含石榴子石）石英片岩、（含石榴子石）黑云母石英片岩、石榴子石黑云母斜长变粒岩等。石榴子石多为铁铝榴石，和黑云母、白云母稳定共生。黑云母带与石榴子石带之间可能存在的临界反应为：$Chl+Ms+Q=Gt+Bi+H_2O$。主要变质矿物共生组合为：$Bi+Ms+Q+Pl \pm Gt$；$Bi+Q+Pl \pm Gt$；$Bi+Ms+Pl+Q \pm Chl$；$Gt+Bi+Ms+Q$。以上 4 个共生矿物组合，代表了云开岩群高绿片岩相（石榴子石带）的主要特征。

　　十字石带总宽度约 300m。以泥质变质岩中出现十字石为标志。岩性主要为含十字石二长二云片麻岩、含十字石更长石白云母石英片岩等。石榴子石带和十字石带可能存在的临界反应为：$Chl+Ms+Gt=St+Bi+Q+H_2O$，$Chl+Ms=St+Bi+Q+H_2O$。主要变质矿物共生组合为：$St+Q+Ms \pm Bi$；$St+Gt+Ms+Bi+Q$；$St+Q+Ms+Bi+Pl$；$St+Gt+Ms+Bi+Q+Pl$。以上 4 个共生矿物组合，代表了云开岩群低角闪岩相十字石带的主要特征。

　　夕线石 – 白云母（– 蓝晶石）带总宽度约 1km。以泥质变质岩中普遍出现夕线石 + 白云母、局部出现蓝晶石等变质矿物为特征。典型岩石类型有含夕线石榴蓝晶二云石英片岩、蓝晶二云片岩、（含）夕线二云（石英）片岩，少量黑云斜长片麻岩、黑云变粒岩、钙镁硅酸盐岩等。泥质变质岩中其代表性的变质矿物共生组合为：$Ky+Sil+Gt+Bi+Ms+Pl+Q$；$Ky+Bi+Ms \pm Pl+Q$；$Ky+St+Bi+Ms+Pl+Q$；$Sil+Bi+Ms+Q \pm Pl$；$Sil+Gt+Bi+Ms+Q+Pl$；$Hb+Bi+Kf+Pl+Q$。变质基性岩中主要矿物共生组合有：$Hb+Pl+Q$；$Hb+Bi+Pl+Q$；$Di+Hb+Pl+Q \pm Bi$；$Di+Hb+Bi+Kf+Pl+Q$。以上 10 个变质矿物共生组合代表了云开岩群低角闪岩相夕线石 + 白云母（– 蓝晶石）带的主要标志。

　　夕线石 + 钾长石带出露总宽度约 800m。以泥质变质岩中出现夕线石 + 钾长石矿物组合且白云母消失为特征。多分布在混合花岗岩周边。该带向低温一侧钾长石含量逐渐减少或消失而向夕线石 – 白云母（蓝晶石）带过渡。岩性主要为夕线石黑云母石英片岩、混合质黑云母石英片岩、长英质细脉混合质变粒岩、细粒混合花岗岩等。典型变质矿物共生组合为：$Sil+Kf+Bi+Q+Pl$；$Sil+Kf+Bi+Q+Pl+St$；$St+Bi+Q+Pl+Kf$。以上 3 个共生矿物组合，代表了云开岩群高角闪岩相夕线石 + 钾长石带的主要标志。

　　2）矿物相转变及变质反应性质

　　根据角闪岩相岩石的岩相学观察及微观结构特征，可将云开岩群的变质作用划分为三个变质阶段：早期绿片岩相变质阶段（M_1）；主期角闪岩相递进变质阶段（M_2）；晚期绿片岩相退变质阶段（M_3）。各阶段变质作用的矿物组合见表 8-5。

　　早期绿片岩相变质阶段（M_1）的矿物组合往往以包裹体的形式存在于峰期形成的变质矿物内。在泥质变质岩中，斜长石晶体内常含有许多石英、白云母、黑云母等包裹体；较大的十字石晶粒内常含有黑云母、白云母、石英、斜长石等包裹体；普通角闪石晶内有时包嵌有细小的斜长石、黑云母、绿帘石等包裹体。故推测早期绿片岩相变质阶段（M_1）的矿物组合为：$Bi+Ms+Q \pm Chl$（泥质变质岩中）和 $Ep+Pl+Bi+Q$（变质基性岩中）。

　　变质作用进入主期角闪岩相递进变质阶段（M_2）的标志为：变质岩中普遍出现十字石、蓝晶石、夕线石、钾长石等特征变质矿物，形成一系列递增变质带。从特征变质矿物的矿物相转变及其变质反应性质看，其往往具递进变质特征：①十字石带中稳定出现十字石，十字石多与石榴子石、黑云母、白云母伴生，其可能的反应为 $Chl+Ms+Gt=St+Bi+Q+H_2O$（$550\sim600℃$，0.2GPa）。②夕线石＋白云母（－蓝晶石）带中开始出现蓝晶石、夕线石，蓝晶石、夕线石往往与白云母、石榴子石相伴出现，局部出现少量十字石，蓝晶石可能是由下列变质反应形成的：$St+Ms+Q=Ky+Gt+Bi+H_2O$ 或 $St+Bi+Q=Ky+Ms+H_2O$，后者的实验条件为：675℃，0.55GPa（王仁民等，1989），而压力较低时，夕线石则与白云母共生，可能是由以下变质反应生成的：$St+Q=Gt+Sil+H_2O$（$675\sim700℃$，$0.2\sim0.3$GPa）。③岩石中可见夕线石与钾长石共生，多分布于混合花岗岩中及附近，其反应一般为 $Ms+Q=Kf+Sil+H_2O$（$0.3\sim0.5$GPa，$650\sim730℃$），这是中级和高级变质的主要临界反应。

表 8-5　变质作用各阶段的矿物组合及演化

阶段	早期绿片岩相变质阶段（M_1）	主期角闪岩相递进变质阶段（M_2）	晚期绿片岩相退变质阶段（M_3）
变质相	绿片岩相	中压角闪岩相	绿片岩相
白云母	——————————————————————————		
黑云母	——————————————————————————		
石榴子石	————————————————		
十字石		——	
堇青石		——	
蓝晶石		——————	
夕线石		—————————————	
斜长石	—————————————————————————		
钾长石		———	
石英	——————————————————————————		
绿泥石	——		—————
绿帘石	————		—————
角闪石	————————————		
透辉石		——	
透闪石	————		————
斜黝帘石	————		————
绢云母			—————

变质作用进入晚期绿片岩相退变质阶段（M_3）的标志为：以白云母、黑云母取代夕线石、堇青石；黑云母被白云母、绿泥石取代；斜长石被白云母、绿帘石等矿物取代；角闪石退变为绿泥石、绿帘石、黝帘石或纤闪石等。根据以上矿物关系推测，晚期绿片岩相退变质阶段（M_3）的矿物组合为：Bi+Ms+Q ± Pl ± Chl（泥质变质岩中）和 Pl+Q+Ep+Chl ± Czo ± Hb（基性变质岩中）。

3）变质作用的温度、压力条件

对云开岩群中石榴子石、黑云母、角闪石、斜长石等矿物进行电子探针测试。利用石榴子石 – 黑云母地质温压计和角闪石 – 斜长石地质温压计，可计算出云开岩群各阶段变质作用的温度和压力。

角闪岩相变质岩石的岩相学和微观结构特征研究表明，早期绿片岩相变质阶段（M_1）的矿物组合（石英、黑云母等）通常以包裹体的形式残留于主期变质作用形成的变质矿物内。在基性变质岩中，角闪石常具有化学成分环带，表现为核部富 Mg、Fe，边部富 Al，说明变质作用过程中压力表现为增大趋势，为进变质特征。其核部成分可能为绿片岩相变质阶段（M_1）时形成的。通过角闪石核部成分和斜长石核部成分，利用角闪石 – 斜长石温压计（Perchuk，1966；Plyusnina，1982），计算变质作用发生时的温度和压力，其结果列于表 8-6，可知早期绿片岩相变质阶段（M_1）形成的温度范围为 400 ～ 535℃，压力为 0.2 ～ 0.41GPa。

表 8-6　角闪石 – 斜长石地质温压计计算结果

样品编号	X_{Ca}^{Pl}	X_{Ca}^{Hb}	$\sum Al_{Hb}$	t_1/℃	t_2/℃	p/GPa
D5272-2（核）	0.289	0.806	1.730	495	535	0.41
D5272-2（边）	0.404	0.772	1.906	605	585	0.42

注：t_1 据 Perchuk，1966；t_2 据 Plyusnina，1982；p 据 Plyusnina，1982；X_{Ca}=Ca/（Ca+K+Na）。

以角闪石和斜长石边部成分，利用角闪石 – 斜长石温压计计算所得结果列于表 8-6；采用不同作者的石榴子石 – 黑云母温压计，计算结果列于表 8-7。可知主期递进变质阶段（M_2）的温度范围为 585 ～ 705℃，压力范围为 0.4 ～ 0.68GPa，属中压型。由此表明，主期递进变质阶段的温度条件变化范围较大，属中 – 高温型。

表 8-7　石榴子石 – 黑云母地质温压计计算结果

样品编号	X_{Mg}^{Gt}	X_{Mg}^{Bi}	$\ln K_D^{Bi-Gt}$	$\ln(X_{Mg}^{Gt}/X_{Mg}^{Bi})$	t_1/℃	t_2/℃	t_3/℃	t_4/℃	p/GPa
D5409	0.238	0.555	1.386	−0.847890342	657	647	654	705	0.68

注：t_1 据 Thompson，1976；t_2 据 Holdaway and Lee，1977；t_3 据 Perchuk，1977；t_4 据 Ferry，1981，Spear，1981；p 据 Perchuk，1977。

晚期绿片岩相矿物组合为：Bi+Ms+Q ± Pl ± Chl（泥质变质岩中）和 Pl+Q+Ep+Chl ±

Czo ± Hb（基性变质岩中）。由此推断，其形成的温度范围为 350～450℃，压力 0.2～0.3GPa 之间。

4）变质作用的 p-T-t 轨迹及其动力过程

通过对云开岩群不同变质阶段矿物相转变、温压条件的研究，可以得出本调查区云开岩群变质作用的 p-T-t 轨迹趋势线（图 8-17）。从图中可以看出，变质作用 p-T-t 轨迹趋势线呈顺时针旋转特征，表明其地质动力学过程属于陆内造山模式。

2. 片岩组 sch（T_1）、片麻岩组 gn（T_1）的变质作用

1）变质带的划分及特点

变质带的划分主要利用等化学系列，依据在渐进区域变质（递增变质带）中依次出现的绿泥石、黑云母、铁铝榴石、红柱石、

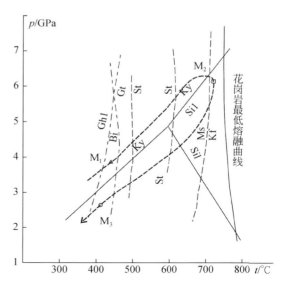

图 8-17 云开岩群角闪岩向变质作用的 p-T-t 轨迹
△ 早期绿片岩相变质阶段 M_1 的投影点；□ 主期递进变质阶段 M_2 的投影点；○ 晚期退变阶段 M_3 的投影点

董青石、夕线石等指示矿物的首次出现的边界线，进而划分变质带。矿物组合特征、矿物粒度的渐次增大和构造的变化也作为分带的参考因素。

浅 – 中变质剖面位于通门镇，全长 7.5km，与褶皱轴面近于垂直，剖面上岩石绝大部分无明显混合岩化迹象，晚期的退变较为发育，以绢云母化 – 白云母化为主。划分的变质带序列依次为绢云母 – 微晶黑云母带、黑云母带、董青石带和夕线石带。

绢云母 – 微晶黑云母带在剖面上较窄，岩性有变质粉砂岩、变质泥质岩、变质粉砂质泥质岩等，岩石主要由石英、多硅白云母（绢云母）和微晶黑云母组成，局部可见少量钠长石。后期岩石遭受退变质，微晶黑云母有绿泥石化倾向。

黑云母带岩性为片理化粉砂岩、片理化长石石英砂岩、千枚岩、二云母微片岩、二云母石英片岩等，岩石成分以石英、微晶白云母和黑云母为主。该带岩石相对于绢云母带，特点是随着变质作用的增强，黑云母的持续增大，晶出的颗粒更大，片理更清晰，定向作用也更强。

董青石带岩性为董青石二云母片岩、董青石黑云母片岩、董青石黑云母石英片岩等，镜下多具变斑状结构，变斑晶多呈圆粒状、透镜状，为蚀变董青石。内部含大量早期细小矿物包裹体，刚开始颗粒较小，含量也低，稀稀疏疏出现，随着云母晶体的增大，董青石变斑晶颗粒也从小到大，从少到多地增长，局部可见董青石叠加生长于早期的硬绿泥石阴影残斑之上。

夕线石带岩性以云母石英片岩、董青石黑云母石英片岩为主，岩石普遍含有董青石及不等量的夕线石。夕线石常与黑云母和董青石共同产出。

2）变质相及变质相系

前文各变质带的划分情况表明，本区变质岩的变质矿物在递增变质过程中随着温度和压力条件的变化发生着较有规律的演化，可划分为：绿片岩相和低角闪岩相。

绿片岩相包括绢云母带和黑云母带两个变质带，在以泥质岩为原岩的变质岩中，主要变质矿物有：绢云母（白云母）、绿泥石、黑云母、石英和钠长石。典型的矿物共生组合有：Q+Ser±Pl；Q+Ser+Chl±Pl；Q+Bi+Ms+Chl；Q+Bi+Ms±Pl。富钙变质岩中常见的变质矿物有：方解石、绿帘石、阳起石、白云母等。典型的矿物组合有：Q+Ms+Cal；Ep+Cal。以上 6 个矿物共生组合代表本区低绿片岩相的主要标志。

低角闪岩相包括董青石带和部分出现夕线石的夕线石带。泥质变质岩中典型的矿物共生组合有：Crd+And+Ms+Q±Pl；Crd+Bi+Ms+Q；Crd+Bi+Ms+Q+Pl；Sil+Crd+Bi+Q；Sil+Bi+Ms+Q+Pl。以上 5 个矿物共生组合代表本区低角闪岩相的主要标志。

本区变质岩普遍出现董青石、夕线石等特征变质矿物，局部出现红柱石，具有中低压变质相系的矿物相组，是一个增温增压的过程。

3. 那蓬变质杂岩体的变质作用

主体由混合花岗岩（$\gamma m T_1^a$、$\gamma m T_1^b$、$\gamma m T_1^c$）构成的那蓬变质杂岩体，在前人的填图和研究工作中多被归入侵入岩类并被称为那蓬岩体，前人用岩浆岩的分析方法对其进行研究。也有观点认为其属于发育边缘混合岩化的侵入岩体（王仁民等，1989）。本次工作发现这是一套主体由混合花岗岩组成的变质杂岩体，其中岩石矿物组成、结构、构造复杂多变，岩石是交代、熔融等多种复杂混合岩化（花岗岩化）作用的产物。与云开岩群遭受的混合岩化作用不同，那蓬变质杂岩体没有发育大面积的混合岩或混合质岩石，而是以混合岩化作用的最终产物——混合花岗岩（以二长花岗岩为主，夹少量变晶岩、花岗闪长岩、英云闪长岩）为主体岩性，形成总体自外向内依次由片岩、片麻岩、混合花岗岩组成的变质岩石组合。变质杂岩体与片麻岩组、片岩组是沿罗定-广宁构造带发生区域动力热流变质作用（或断裂变质作用）的产物。

1）混合岩化带的划分及特点

那蓬变质杂岩体混合岩化带的划分原则主要是参考混合岩化作用的强弱程度，辅以参考混合岩形态等外部特征，综合考虑以下几个分类标志：①混合岩化岩石中的新生矿物的饱和程度；②混合岩的形态特征；③脉体成分变化；④基体成分变化，即原岩成分的改变程度。

那蓬变质杂岩体混合岩化带划分主要是按混合岩化程度分带，总体来说以高度熔融的混合花岗岩类为主，其间穿插弱-中等混合岩化带岩石，以及少量绿片岩相-角闪岩相区域变质岩。这三个带的特征总结如下（图 8-18）：

弱混合岩化带：在这一带中，岩石只受局部的混合岩化作用，表现在区域变质岩中含有不同数量、不同厚度的脉体或新生矿物团块，脉体基体界线较为分明，脉体形态以条带状、透镜状、团状为主，成分以长英质-花岗质为主，常与基体的片理、片麻理平行产出。偶见伟晶岩脉。这一带的岩石中，镜下矿物显微结构构造特征并不发育。

中等混合岩化带：以粒状变晶结构的变晶岩为主，熔融体（脉体）或新生矿物的含量

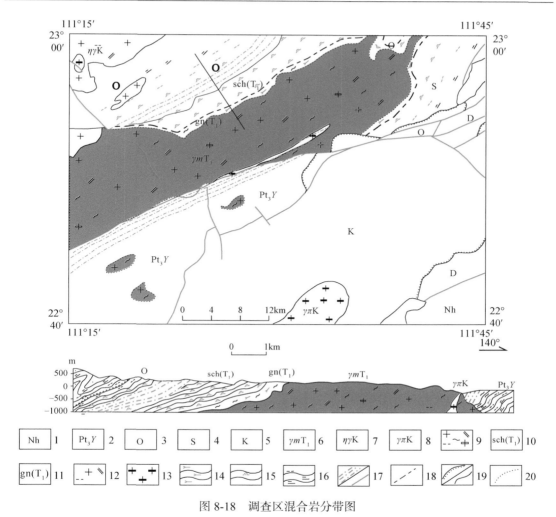

图 8-18　调查区混合岩分带图

1. 南华系；2. 云开岩群；3. 奥陶系；4. 志留系；5. 白垩系；6. 早三叠世混合花岗岩；7. 白垩纪花岗岩；8. 白垩纪花岗斑岩；
9. 细粒斑状黑云母二长混合花岗岩；10. 片岩组；11. 片麻岩组；12. 黑云母二长花岗岩；13. 花岗斑岩；14. 夕线石片岩；
15. 董青石片岩；16. 二云母片岩；17. 韧性剪切带 / 脆性断层；18. 分带线；19. 实测地质界线；20. 混合交代界线

明显增多，但含量不超过 60%。

　　强混合岩化带：以混合花岗岩（含花岗变晶岩）为主，局部可见成分较特征的二长混合花岗岩、花岗闪长岩 – 英云闪长岩。

　　2）混合岩类岩石及矿物特征

　　混合岩化岩石依据其混合岩化作用的深浅程度，可以划分为混合质变质岩、混合岩以及混合花岗岩三类。混合质变质岩主要呈似带状产出，时有缺失；混合岩常紧邻混合质变质岩呈不规则产出，与混合花岗岩类过渡；而混合花岗岩则大面积出露，其成分十分接近深成花岗岩。混合岩类近似带状的分布，其走向基本与围岩的递增变质带走向一致。在杂岩体中常见发育变质原岩残留体，残留在混合岩中，保留原岩的片状、片麻状构造，与混合花岗岩中的片麻理基本一致。

混合岩中具有董青石、夕线石、红柱石、石榴子石和钾长石等特征变质矿物。董青石主要出现在混合花岗岩和混合岩中，镜下形态特征不同于围岩中的董青石变斑晶，常呈圆粒状、他形粒状，甚至呈柱粒状等，多为黑云母脱水熔融的产物之一，颗粒较大，在岩石中呈眼球状产出，随着混合岩化程度的加深，董青石含量和粒度也呈递增趋势；夕线石常呈残余状针柱状、残余毛发状，常与黑云母呈残余片理共同产出，少量在董青石、钾长石、石英等新生矿物中呈针状包裹体产出；红柱石常呈残余柱状，镜下具较为微弱的浅红-浅绿多色性，可见横截面近正交解理，柱面近平行消光，其出现的一带以混合花岗岩为主，可能是前期压力较小的变质产物；石榴子石在本区十分少见，镜下多无色，呈残余外形的不规则粒状-等轴粒状；钾长石普遍发育，多呈粒状、他形粒状，部分为深熔成因，部分为交代成因，其成分以正长石和条纹长石为主，混合岩化程度较深的地段以正长石居多，较弱的区域以条纹长石和正长石为主。

杂岩体中的混合岩类岩石在镜下具有较为特殊的显微结构和构造特征，如：①矿物之间的缝合线构造；②斜长石和所含的微粒状或蠕虫状石英共生所组成的蠕虫结构；③白云母被石英或斜长石交代而呈现交代残余的蠕虫状结构；④矿物（近似）熔融现象；⑤原岩残留结构；⑥绢云母化的斜长石净边结构；⑦斜长石的糟化。上述各类结构现象是混合岩化作用的产物。

（三）低温低压区域变质作用特征

南华系分布于调查区东南角，仅出露大绀山组。地层岩性主要为劈理化变质粉砂岩、劈理化变质细粒长石石英砂岩、千枚岩等。

奥陶纪地层主要分布在调查区北侧，为罗洪组一段、罗洪组二段、罗东组、东冲组。岩性主要为板岩、千枚岩、变质砂砾岩、变质长石石英砂岩、变质粉砂岩、二云母石英片岩等，局部由于后期岩体的侵入，叠加了热接触变质作用。

志留纪地层分布于调查区北东侧，为古墓组、连滩组。岩性主要由板岩、千枚岩、变质长石石英砂岩、变质粉砂岩、石英杂砂岩等组成。

对其共生矿物组合分析研究，典型的矿物组合为：$Q+Ser+Ms \pm Chl$；$Q+Pl+Chl+Ms$；$Bi+Ms \pm Q \pm Pl$。

该变质矿物组合反映变质相为低绿片岩相，变质温度一般为 $200 \sim 350℃$，压力 $0.2 \sim 0.3GPa$。

综上，调查区内的南华系、奥陶系和志留系的变质作用为低温低压区域变质作用。

（四）岩石地球化学特征

对调查区不同类型的中高级区域变质岩石共采集 10 个样品，对其进行主量元素、微量元素、稀土元素测试，鉴于调查区部分深变质岩发生不同程度的混合岩化、深熔交代作用，说明该变质体系并未完全封闭，本次对于岩石地球化学数据的分析结果，需结合区域地质特征加以判断。

主量元素分析结果显示该套动热变质岩中 5 个岩性相近的混合花岗岩样品主量元素差别较小，其他不同岩性样品间主量元素含量差别大，1～5 号样品整体具富硅、铝，贫镁、钙的特征，10 号样品具富钙特征，6、9 号样品具富镁特征，且铁、钙、钛含量亦较高。尼格里数值中，1～5、7、8 号样品属铝过饱和系列，6、10 号样品属铝饱和系列，9 号样品显示出碱含量高，属富碱系列；各样品间 qz 值变化较大，显示出原岩成分差异大，种类较多，其中 1～5，7、8 号样品属硅过饱和，6、9 号样品属硅饱和型，10 号样品属硅不饱和型。综合岩石化学特征及投图结果，并结合岩石野外特征，判定 6、9 号样品原岩分别为基性火山岩、超基性火山岩，10 号样品原岩为泥灰岩，其余样品原岩均为砂泥岩或泥岩。

分析知原岩不同的变质岩微量元素差别较大，原岩为砂泥岩、泥岩的样品之间微量元素值差别较小，Rb、Ba 值含量整体较高，显示出副变质角闪质岩石特征；原岩为火山岩的样品 Cr、Ti 值含量较高，Rb 含量较低，Sr/Ba 值均大于 1，具正变质角闪质岩特征；样品中 Rb 值与 K 值呈正相关关系，显示出样品具混合岩化岩石的特征。

原岩是沉积岩的 8 个样品稀土元素总量变化较大；轻稀土强烈富集，重稀土相对亏损，轻重稀土分馏较强；Ce 无明显负异常，Eu 负异常较明显。原岩是火山岩的两个样品稀土元素总量相对较低，轻稀土略富集，轻重稀土分馏不明显；Eu、Ce 无负异常。

（五）变质作用时代

本次工作对区内主要变质岩石采样进行同位素测年。这些样品均是区域动力热流变质作用的产物，其同位素年龄能代表调查区区域动力热流变质作用发生时代。

从混合花岗岩中锆石阴极发光可以看出，岩浆锆石晶形较好，其他锆石晶形各异，可见明显的锆石变质增生边，显示出变质锆石的特征。对 D1005 样品中锆石总共测试了 46 个点的年龄数据，年龄数据跨度较大，最新年龄为 229Ma，最老年龄为 2465Ma，锆石 U-Pb 年龄在 200～300Ma 出现一个峰值，可见明显的锆石变质增生边，为典型的变质锆石，其年龄可代表形成混合花岗岩的构造 - 热事件时代；PM009-95-3（混合花岗岩）样品中锆石阴极发光可以看出锆石形态各异，呈片状、扇状、不规则状等，可见明显的锆石增生边，与锆石内核界线明显，显示出变质锆石的特征，锆石总共测试了 68 个点的年龄数据，年龄数较杂乱，跨度大，最新年龄为 228Ma，最老年龄为 2459Ma，锆石 U-Pb 年龄在 200～300Ma 出现一个峰值，该年龄段的锆石均产自变质增生边，以片状、扇状为主，Th/U 数值极低，多位于 0.01～0.06 之间，显示出变质锆石的特征，可代表形成混合花岗岩的构造 - 热事件时代。

对那蓬混合花岗岩中的地层残余体采样，样品岩性为方解透闪透辉钾长石岩，由样品中锆石阴极发光及年龄数据可以看出，锆石粒径多为 100μm 以下，具典型的变质锆石特征。对样品中锆石总共测试了 44 个点的年龄数据，年龄数据跨度较大，最新年龄为 214Ma，最老年龄为 2473Ma，锆石 U-Pb 年龄在 200～300Ma 之间存在较明显峰值，为该样品中的主要年龄值，该年龄段锆石以变质锆石为主，这段时间是混合岩化作用的发生时代。

采取片岩组（sch（T_1））中堇青石片岩中的绢云母进行 ^{40}Ar-^{39}Ar 定年测试，年龄分析结果显示堇青石片岩中的绢云母变质作用年龄为 241.3 ± 2.0Ma。

总之，利用锆石 U-Pb 法测得的 200 ～ 300Ma 这个年龄段的数据分别进行加权平均值计算，得到 3 个加权平均年龄，分别为 256 ± 23Ma、250 ± 13Ma、233 ± 10Ma，第一个年龄所用年龄数值较少，误差大；第三个年龄为 233 ± 10Ma，与韧性剪切带切过混合花岗岩（韧性剪切带中白云母 ^{40}Ar-^{39}Ar 年龄为 236.5 ± 1.5Ma，混合花岗岩变质年龄应早于该年龄）、后期中三叠世花岗岩侵入混合花岗岩（中三叠世花岗岩侵位年龄为 246.7 ± 7.1Ma）不相符。堇青石片岩中的绢云母 ^{40}Ar-^{39}Ar 同位素年龄为 241.3 ± 2.0Ma。鉴于 K-Ar 体系封闭温度低于 U-Pb 体系封闭温度，若考虑变质作用的降温过程所需要的时间，^{40}Ar-^{39}Ar 与锆石 U-Pb 年龄基本吻合。综上所述，本次工作采用加权年龄 250 ± 13Ma 代表调查区区域动力热流变质作用发生的时间，其地质时代属于早三叠世。

二、接触 - 热变质岩

调查区接触 - 热变质岩叠加于区域变质岩之上，主要分布于各侵入体周围，呈环状、半环状或不规则状产出，其发育程度明显受侵入体的规模、产状、形态及围岩性质等因素的控制。调查区内接触变质岩主要分布在西北角山盘—大田界—山田一带。

根据岩石学特征，调查区接触 - 热变质岩可划分为 6 类：角岩化变质（粉）砂岩、接触板岩类；长英质角岩类；云母角岩；红柱石、堇青石角岩；钙硅酸盐角岩；接触大理岩化白云岩。

角岩化变质（粉）砂岩、接触板岩类主要为角岩化变质细粒长石石英砂岩，角岩化变质粉砂岩，接触板岩等。岩石角岩化程度较低，与正常区域变质岩为过渡关系，保留有较多区域变质岩的特点。镜下观察，岩石见变余砂质结构，角岩结构，斑点状构造和变余纹层状构造等，主要矿物为石英，部分见有较多的长石及绢云母，有时有少量的白云母、黑云母、绿泥石、堇青石、红柱石出现，次要矿物有磷灰石、锆石、电气石等。

长英质角岩类主要分布于调查区北西侧，岩石主要由石英、长石、云母组成，石英可见重结晶现象，红柱石、堇青石等特征变质矿物常见。岩石常见变余纹层状构造，镜下观察，具角岩结构、交代结构、鳞片变晶结构。次要矿物有锆石、磷灰石、电气石等。

云母角岩代表性岩石有二云母角岩和黑云母角岩等。岩石主要由石英及云母按不同比例组成，部分岩石中长石、红柱石、堇青石等矿物含量较高，一般为 10% 左右。岩石中矿物重结晶和变余结晶现象较为显著，云母鳞片多呈不规则状杂乱分布，和石英等矿物构成粒状变晶结构（角岩结构）。次要矿物有电气石、磷灰石、黄铁矿及磁铁矿等。

红柱石、堇青石角岩代表性岩石有红柱石角岩、堇青石角岩、红柱石堇青石角岩等。岩石以含较多红柱石、堇青石等变质矿物为特征，镜下观察见角岩结构，柱粒状（纤柱状）变晶结构、变余微层理构造，主要由石英、长石、黑云母及堇青石、红柱石组成，长石石英颗粒相互混杂乱分布。

钙硅酸盐角岩代表性岩石有方柱石榴透辉钠长角岩、（斑点状）石榴透辉长英质角岩。岩石主要由方柱石、石榴子石、透辉石、钠长石、石英等组成，含有少量的白云母。岩石具粒状变晶结构，变余层状构造。岩石副矿物较少，主要为磷灰石、锆石、榍石等。原岩可能为泥灰岩。

接触大理岩化白云岩主要分布在筋竹镇一带，地表多为第四系覆盖。岩石具不等晶结构，成分以白云石为主，方解石为辅，含少量次生碳酸盐矿物。白云石多呈粒状，部分颗粒具波状消光，边界都较为规整平直。方解石常在白云石之间呈残余带状、不规则状集合体产出，颗粒较发育聚片双晶。岩石局部发育少量裂隙，被以白云石为主的次生碳酸盐矿物充填。

调查区接触变质矿物种类较多，石英作为贯通矿物出现于不同变质作用的不同变质相带，绿泥石、绢云母为区域变质岩的残留产物，方解石则作为大理岩类岩石中的贯通矿物在各个变质带中均可出现。斜长石和白云母、黑云母则是在继承了区域变质作用的基础上进一步重结晶加大而达到新的平衡作用的产物。新生变质矿物还有石榴子石，常被铁质、绿泥石交代。红柱石、堇青石常蚀变为绢云母。

三、动力变质岩

动力变质岩根据成因可分为韧性剪切动力变质岩和脆性动力变质岩。这两类动力变质岩在调查区内较发育。韧性剪切动力变质岩主要为糜棱岩类，脆性动力变质岩主要为碎裂岩类，包括构造角砾岩、压碎岩、断层泥等。

调查区内主要发育两条韧性剪切带——替滨韧性剪切带和龙角塘韧性剪切带。岩性为糜棱岩化岩石、糜棱岩及构造片岩等。岩石形成于较深的构造位，其形成温压条件相对较高，岩石、矿物表现出明显的塑性变形特征。区内主要有糜棱岩化花岗岩、糜棱岩、千糜岩和糜棱片岩等韧性剪切动力变质岩。

调查区脆性断裂在野外露头上表现较为直观，而且多保存较好，分布于各向脆性断裂中。岩性见有构造角砾岩、碎裂岩、压碎岩、硅化岩等。岩石以脆性变形为主，无明显的定向构造，碎斑中常见微裂隙等脆性破裂特征，重结晶作用微弱，常伴有硅化、褐铁矿化现象。碎裂岩受力较轻微，主要表现为碎裂结构，由角砾碎斑及碎基组成。压碎及重结晶物质一般小于30%，裂隙、裂纹中常充填压碎及重结晶物质，以及次生的绢云母、黏土矿物、绿泥石等。碎裂岩大部分保留原岩的组构特征，可以恢复原岩，只有个别经强烈风化、破碎的，原岩已不可辨清。主要岩石类型有碎裂花岗岩、碎裂片岩、碎裂砂岩等。压碎岩同样产于脆性断裂带中。岩石在较强压力下发生破碎，压碎及重结晶物质一般在30%～90%之间，常分布于碎块或碎斑之间构成压碎结构。主要岩石类型有花岗质压碎岩、蚀变压碎岩等。

四、气－液蚀变岩

调查区常见的蚀变作用有硅化、绢英岩化、绿泥石化、褐铁矿化、碳酸盐化等。通过岩石矿物分析，可见区内气－液蚀变岩类主要的变质矿物共生组合为石英＋绢云母＋（白云母），相当于低绿片岩相。绢英岩和硅化岩特征如下：

绢英岩矿物成分以石英 45%～60% 和绢云母 25%～45% 为主。岩石中石英以他形粒状为主，部分粒度一般 0.5～2mm，具波状、不均匀消光，多呈单晶或集合体状，部分粒度 0.02～0.05mm，与绢云母、不透明矿物（褐铁矿）相对聚集呈堆状分布，似交代长石呈假象，弱定向分布。绢云母、黏土，呈细小鳞片状，大小 0.005～0.05mm，与石英、不透明矿物（褐铁矿）相对聚集呈堆状分布，似交代长石、黑云母呈假象。白云母，呈鳞片状、叶片状，片径多 0.5～1.0mm，多为黑云母假象，沿解理缝多褐铁矿化，零散分布。

硅化岩表面被铁染为黄褐色，新鲜面为灰白色。矿物成分主要为石英，其次为绢云母及石英碎块。石英颗粒大小不等，自形程度也不同，从而形成不等粒粒状变晶结构、显微粒状变晶结构及半自形柱粒状变晶结构，部分石英可见核幔构造。硅化岩裂隙中经常填充后期细小石英脉。

第四节　地质构造

调查区大地构造位置处于华南板块之华南新元古代—早古生代造山带之罗霄－云开弧盆系。涉及的四级构造单元包括扬子－加里东期裂陷槽和加里东末期残余海盆、海西期陆表海、印支期造山变质带、燕山期陆内拗陷盆地和燕山期岩浆弧（图 8-19）。

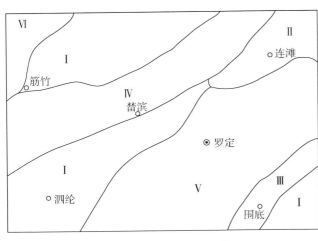

图 8-19　调查区大地构造分区

Ⅰ.扬子－加里东期裂陷槽；Ⅱ.加里东末期残余海盆；Ⅲ.海西期陆表海；Ⅳ.印支期造山变质带；Ⅴ.燕山期陆内拗陷盆地；Ⅵ.燕山期岩浆弧

调查区现今构造线总体为 NE-NEE 向和 NW 向，以 NE 向占据主导。地质构造主要包括褶皱、断裂、韧性剪切带、逆冲推覆构造、各种劈理及线理、构造盆地以及新构造运动形迹。不同时代的地质体分别经历了加里东期、印支期、燕山期等某期作用或多期构造作用的叠加改造，形成了复杂的构造格局。构造纲要图见图 8-20。

Ⅰ.扬子－加里东期裂陷槽

新元古代至奥陶纪，形成于华南裂陷槽背景下，为一套砂泥质类

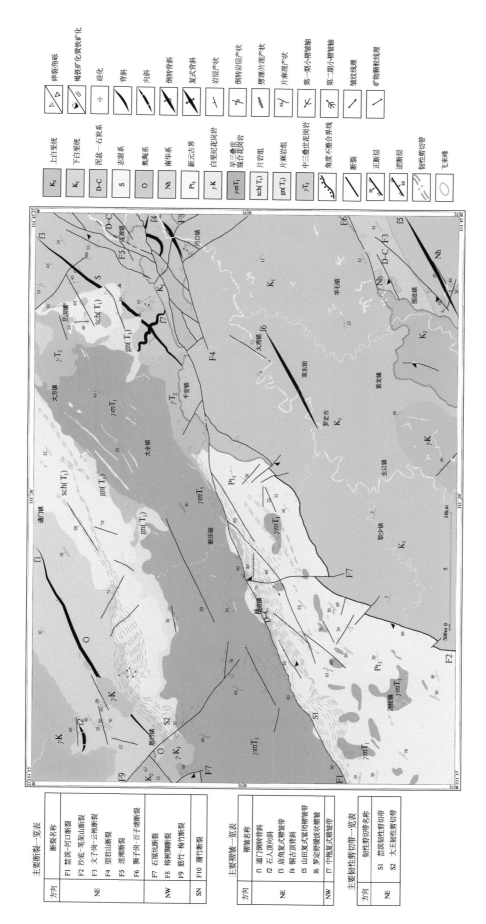

图 8-20　调查区构造纲要图

复理石建造，局部夹有少量碳酸盐岩。受后期构造改造，地层褶皱变形强烈，呈假单斜构造，实则为大量同斜褶皱；泗纶一带的新元古代地层普遍发生强烈的变质变形和混合岩化作用；东南角的强烈变形的裂陷槽沉积作为逆冲推覆构造的外来体存在。

Ⅱ. 加里东末期残余海盆

在华南加里东造山带，加里东末期残余海盆仅见于广东德庆—罗定以及广西钦州—防城港一带，形成于加里东造山运动早幕。调查区志留纪残余海盆发育一套深水浊流沉积，产大量笔石化石。在加里东运动晚幕海槽闭合，被泥盆系角度不整合覆盖。

Ⅲ. 海西期陆表海

加里东运动后，调查区进入海西期陆表海沉积阶段。现今分布于调查区东南角及东北角小范围，作为逆冲推覆构造的原地系统存在。

Ⅳ. 印支期造山变质带

印支期陆内造山作用下，沿该带发生中级变质作用和混合岩化、花岗岩化等造山变质作用，形成那蓬变质杂岩体。

Ⅴ. 燕山期陆内拗陷盆地

早白垩世至晚白垩世罗定盆地，太平洋板块向欧亚板块下俯冲，伸展背景下形成的陆相拗陷盆地，形成陆相砂泥质地层，后期改造较弱。

Ⅵ. 燕山期岩浆弧

燕山晚期太平洋板块向华南板块俯冲，形成白垩纪岩浆弧。

一、褶皱

调查区位于桂东粤西地区，主要发育 NE 向和 NW 向褶皱构造。其中 NW 向褶皱形成于加里东期，多分布于那蓬变质杂岩体东侧。NE 向褶皱形成于印支期至燕山期。

（一）NE-NNE 向褶皱

1. 通门倒转背斜（f1）

发育在通门镇—筋竹镇一线，总体呈 NE50° 方向展布，全长约 20km。褶皱倒向 SE，轴面倾向 NW320°，倾角总体 30°（图 8-21）。褶皱 NW 翼地层层序正常，南东翼发生倒转。

褶皱北西翼为正常层序，向 NW 逐渐变新，并发育次级向斜——石人顶向斜，受燕山期侵入体热烘烤作用发生接触变质。南东翼为倒转层序，发育倒转粒序层理等示顶底构造，以砾岩、含砾砂岩中最为明显。

2. 石人顶向斜（f2）

发育在筋竹镇北侧大田界、石人顶一带，总体呈 NEE 向展布，东西两侧被燕山期岩体破坏，沿走向延伸不远，全长约 5km。褶皱轴面陡立，走向 80°。向斜发育于通门背斜北西翼，实际属于其次级褶皱。

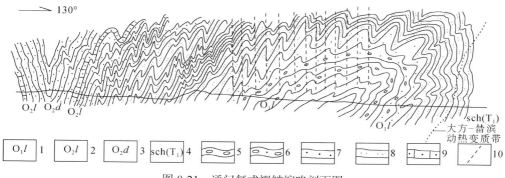

图 8-21　通门复式褶皱缩略剖面图

1. 罗洪组；2. 罗东组；3. 东冲组；4. 片岩组；5. 砾岩；6. 砂砾岩；7. 砂岩；8. 粉砂岩；9. 砂屑灰岩；10. 变质带界线

3. 庙角复式褶皱带（f3）

发育在连滩镇以西至历洞镇一带，总体呈 NNE 向展布，全长 15km。褶皱带向 NE 延伸出调查区，由一系列复杂的 NNE 向次级褶皱组成。该复式褶皱带叠加发育在早期 NW–NWW 向褶皱带之上，多期褶皱的叠加干涉，造成地层产状杂乱产出，但总体包络面受早期褶皱控制，呈 NWW–NW 向展布。

4. 铜古顶背斜（f4）

发育在河口镇至连滩镇一带，总体呈 NE60° 方向展布，区内全长 5 ～ 7km。褶皱带向 NE 延伸出调查区，向 SW 被榕树脚断裂和其他 NE 向断裂所破坏。

褶皱是 NW 和 NE 两期褶皱叠加的产物，现今构造线以 NE 向为主导。在平面上，褶皱形成尖棱鼻状褶皱交替的平面展布样式。从露头尺度上的叠加褶皱来看，NE 向褶皱强烈叠加在早期 NW 向褶皱之上，但总体仍归入 NE 向褶皱范畴。

5. 山田复式紧闭褶皱（f5）

发育在围底镇南侧一带，总体呈 NE60° 方向展布，区内出露全长约 10km。褶皱向 NE 和 SW 延伸出调查区。褶皱砂泥岩多产状陡立，构成紧闭的褶皱样式。地层早期发育 EW–NWW 向褶皱，后期在 NW–SE 向强烈挤压应力作用下叠加 NE 向褶皱。褶皱在抬升至浅部构造层次发生 SW 向 NE 的逆冲，形成一系列 NW 向脆性断裂、千枚理褶皱和硅化蚀变带。

6. 罗定舒缓波状褶皱（f6）

发育在罗定盆地中，表现为非常宽缓的舒缓波状褶曲（图 8-22），特别是在盆地边缘

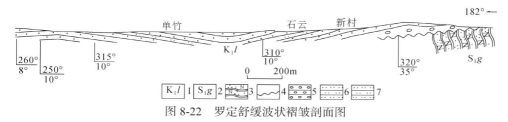

图 8-22　罗定舒缓波状褶皱剖面图

1. 罗定组；2. 古墓组；3. 变质长石石英砂岩；4. 角度不整合；5. 砾岩；6. 砂岩；7. 粉砂岩

靠近断层处褶皱幅度较为明显，地层倾角可至 20°～ 35°，近盆地中心地层仅见轻微倾斜。根据统计的地层倾向，该舒缓波状褶皱轴总体走向 NE，局部为 NW 向，两翼倾角一般小于 10°，近盆缘稍陡。褶皱非常舒缓，是早白垩世末期构造扰动的产物。

（二）NW 向褶皱

调查区 NW 向褶皱是残留的加里东期构造形迹，在印支期—燕山期叠加改造较弱的地区表现出来。

中抱背斜（f7）

发育在连滩镇西侧，以中抱一带最为清晰，最为典型。褶皱总体呈 NW 向展布，区内全长 3 ～ 10km。褶皱内次级构造较为发育，强干层和软弱层界面处发育滑脱构造。发育 NW 向片褶和 B 轴线理，线理向 NW 或 SE 倾伏。受后期 NNE 向褶皱叠加改造，该叠加褶皱区地层产状较为混乱。以石英砂岩作为标志层追索，可恢复其褶皱包络面总体呈 NW 向产出。

二、断裂

通过地表调查和高密度、音频大地电磁测深、重磁法等地球物理勘探，发现调查区内 NE 向断裂较为发育，NW 向次之，EW 向少量，断层以挤压性质为主，断层活动时间多数可确定在燕山晚期及其后。

（一）NE 向断裂

1. 替滨 – 河口断裂（F1）

断裂呈 NEE 向贯穿全区，倾向 NW，倾角 15°～ 30°，区内长度 70km，宽度 10m。

断层 SW 段发育在替滨韧性剪切带中，大体分隔了 NW 侧的那蓬变质杂岩体与 SE 侧的云开岩群混合岩化岩石。断层叠加发育在替滨韧性剪切带之上，沿断层发育硅化砂岩、硅化片麻岩、硅化碎裂岩，发生明显褐铁矿化。

断层 NE 段发育在白垩纪盆地及其古生代基底中。沿断层主要发育硅化岩、硅化碎裂岩。断层在沿线多数地段并不可见露头，部分依据重磁法解释推断。断层分隔了北西侧白垩纪红层和南东侧古墓组浅变质地层，沿断层的挤压变形造成古墓组片岩强烈褶皱，轴面走向 NNE。

断层总体表现为压性，活动时间应在晚白垩世。

2. 沙底 – 笔架山断裂（F2）

断裂走向 NNE-NE-NEE，总体呈略向 NW 凸出的弧形，倾向 NW，倾角 60°～ 80°。断层在区内延伸长度 55km，宽度 20m，南西侧延伸出调查区，NE 侧交汇于替滨 – 河口断裂。断层破碎带内主要发育碎裂岩、碎粉岩和构造透镜体，呈明显的挤压性质。活动时间应在晚白垩世。

3. 文字岗－云袍断裂（F3）

断裂走向 NE，倾向 NW，倾角 80°～ 90°，延伸长度 15km，宽度 20 ～ 30m。断裂发育在周底镇一带，切割了大绀山组浅变质地层和石炭纪连县组碳酸盐岩。

断层总体为张性正断层，活动时间应在晚白垩世。

4. 望君山断裂（F4）

断层发育在千官镇东侧三差至连滩镇上龙溪一带，总体呈 NE70° 方向展布，区内延伸长约 15km，宽度小于 1m。断层 SW 段发育于白垩纪红层中，NE 段发育于泥盆纪碳酸盐岩和细碎屑岩中。沿断层主要发育硅化岩，是区内规模最大的硅化带。

5. 连滩断裂组（F5）

断裂发育在连滩镇西侧，由若干 NE 向断层组成。断层多在钻孔中钻遇，仅最西侧发育在连滩组中的断层见于地表。根据地形地质分布特征结合遥感地质解译成果，判断该断层总体呈 NNE 向展布。断裂活动时间应在晚白垩世，总体为挤压性质。

6. 狮子岗－百子塘断裂组（F6）

断裂发育在周底镇一带，总体呈 NNE 向展布，由若干次级断裂组成。断裂组破坏了罗定盆地南东侧边界，并将石炭纪地层和南华纪大绀山组分隔为若干 NEE 向排布的断块。断裂主要发育在罗定组一段中。沿断裂发育硅化岩、硅化构造角砾岩，质地坚硬。岩石发生褐铁矿化，发育"火烧皮"，局部可见角砾具有一定的挤压磨圆形成磨砾，并呈 NEE 向定向展布，说明后期遭受挤压应力作用而发生定向。

断裂活动时间应在晚白垩世，早期应为拉张性质，后期遭受挤压应力作用，造成角砾在破碎带中受挤压碾碎，并发育一定程度的磨圆和定向排列。总体为挤压性质。

（二）NW 向断裂

1. 石屋坑断裂（F7）

断层发育在调查区最西部筋竹镇以南，区内可见延伸约 5km，总体呈 NW330° 展布。断层分隔了南西侧早白垩世花岗岩和北东侧白垩系罗定组。

在筋竹镇南侧，断层表现为强风化蚀变断裂破碎带。自南向北可分为 5 个带：①弱硅化碎裂花岗岩；②碎裂硅化岩带；③弱硅化碎裂花岗岩；④硅化绿泥石化带；⑤弱硅化花岗岩。该点露头宽度有限，断层出露不全，实际规模未知。只见到受断层影响的花岗岩，未见断层北东侧岩性。

断裂总体表现为压性，活动时间应在晚白垩世。

2. 榕树脚断裂（F8）

断裂发育在油麻坑—榕树脚—润洲坪一带，总体呈 315° 方向展布，局部断层迹线发生弯曲呈弧形。沿断层发育硅化构造角砾岩，岩石呈灰色，角砾状构造，岩石主要由角砾、细碎断层磨碎物质和胶结物组成。

断裂活动时间应在晚白垩世，总体为挤压性质。

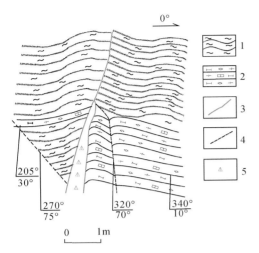

图 8-23 筋竹 - 梅竹断裂 EW 向次级断层特征
1. 混合质片麻岩；2. 方解方柱透闪透辉岩；3. 断层；
4. 节理；5. 碎裂岩

3. 筋竹 - 梅竹断裂（F9）

断层主体发育在印支期变质杂岩体中，在北西段分隔了白垩纪红层与奥陶纪浅变质地层。断层总体呈 315° 方向展布，延伸长度 15km，宽度 1～24m 不等。

替滨镇西侧梅竹一带国道边钙硅酸盐岩透镜体中，发育两条小断层。断层走向均为近 EW 向，为筋竹断裂的次级断裂。北西侧次级断层总体走向近 EW，产状陡立，略向北倾。断面上发育阶步及擦痕，断面北侧发育小型牵引褶皱。断层总体走向近 EW，倾角近直立，向上延伸略具波状起伏（图 8-23）。南侧断面平直，断面底面上发育阶步和擦痕。擦痕垂直于断面走向，断层基本不具走滑分量。断层性质经历了早期拉张后期挤压的反转。断层具较明显的挤压性质，形成压碎岩，断层活动时间应在晚白垩世后至新生代。

4. 其他 NW 向断裂

除上述规模较大，对区内地质填图单位分布影响较大的断裂构造外，调查区还发育其他小型 NW 向断裂。下面就几条代表性 NW 向断裂特征介绍如下。

（1）大汾坑断裂。断裂发育于围底镇南侧大汾坑附近，为由一系列小型挤压滑动面组成的小断层组。近断面处拖曳褶皱发育，指示断层为挤压逆冲性质，说明新近时期浅表层次发育 SW 向 NE 的挤压逆冲活动。

（2）思化坑断裂。断裂发育于替滨镇思化坑尾一带，主要表现为硅化岩带。断裂发育于罗洪组二段变质粉砂岩和板岩中。断层宽 50～80cm，产状 25°∠75°，断层无明显分带，其中发育硅化、碎裂、褐铁矿化。

（三）SN 向断裂

蒲竹尾断裂（F10）

断层发育在云开岩群中，在北段切割了晚白垩世花岗斑岩。断层总体呈近 SN 向展布，倾向 NWW。断层总体延伸长度约 7km。

G324 国道边，断层约宽 1m，两侧各发育一断面。SE 侧产状 250°∠70°，NW 侧 295°∠75°。断层由硅化褐铁矿化角砾岩带组成，角砾为糜棱片岩，灰黑色。两侧断面平直。SE 侧有拖曳褶皱发育，由其判断，为逆断层。

断层总体表现为压性，活动时间应在晚白垩世之后。

（四）EW 向断裂

此外，调查区部分其他主要断裂见表8-8。

表 8-8　调查区部分其他主要断裂一览表

名称	走向	倾向	倾角	长度/km	宽度/m	主要特征	性质（主导）	活动时代
七地脚断裂	NNE	NWW	75°	5	1	主要由硅化褐铁矿化构造角砾岩组成，发育在替滨韧性剪切带中，角砾成分以糜棱片岩为主，据拖曳褶皱判断为逆断层性质。断裂分隔了 NW 侧早白垩世花岗斑岩和 SE 侧糜棱片岩	压性	K_2
弯角断裂	NE	NNW	30°	3	>2	沿断层主要发育硅化碎裂岩，呈碎裂结构，碎而不离，离而不远，碎斑粒径 0.5～5cm，呈棱角状，沿碎裂面发生褐铁矿化。断裂发育在三叠纪混合花岗岩中	压性	K_2
虾钳断裂	NW	SW	50°	8	4	东侧断面产状220°∠50°。断层带内断面发育，石英脉被切出很多角砾，片岩片理褶皱强烈发育。带宽4m，两侧均为片岩。东侧产状稳定	压性	晚于 K_2
张屋背断裂	NE					沿断层发育强风化褐铁矿化构造角砾岩，浅灰－灰黄色，岩心呈碎块状，棱角状，大小3cm×3cm，质软，敲击易碎，岩石中角砾含量为30%～40%，次磨圆状，多风化呈黄褐－灰白色黏土状矿物，伴生褐铁矿化，呈灰黑色－黄褐色，原岩成分应为粉砂岩或泥质粉砂岩		
五亩断裂	NW	55°	75°	3	0.5	混合花岗岩中发育硅化岩脉，宽0.5m。岩石弱风化呈浅肉红色，致密坚硬，硬度较大，粒状变晶结构，块状构造。岩石主要由他形粒状石英组成，粒径一般0.1mm，含量约占95%。另含少量绢云母等次要矿物。在硅化岩的南侧边界发育一宽5cm的犬齿状石英细脉，显示其张性特征。硅化岩产状55°∠75°	张性	K_2

三、韧性剪切带

调查区出露两条 NE 向韧性剪切带，属于罗定－广宁构造带的主干韧性剪切带，分别是大王韧性剪切带和替滨韧性剪切带。

（一）大王韧性剪切带（S2）

大王韧性剪切带发育于筋竹镇东—蛇岭—马鞍界，大方镇以西一线，宽 2～4km，区内延伸长约 30km。在筋竹镇东侧，剪切带最宽处宽度约 3.5km，向 NE 方向延伸，宽窄不一，总体趋势变窄，至马鞍界一带分为两支并最终在调查区内消失。其北支延伸 5km 即减弱消失；南支经大料尾一直延伸至大方镇西侧一带。剪切带总体倾向 NW，倾角较缓，一般 20°～40°，主要由糜棱片岩组成，西南端发育花岗质糜棱岩、糜棱岩化花岗岩等，叠加在那蓬变质杂岩体及其 NW 侧动热变质带之上（图 8-24）。

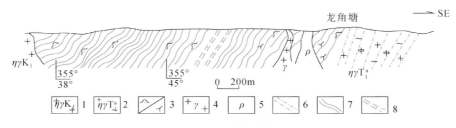

图 8-24　大王韧性剪切带缩略剖面图

1. 早白垩世二长花岗岩；2. 早三叠世二长混合花岗岩；3. 堇青石 / 夕线石；4. 花岗岩脉；5. 伟晶岩脉；6. 糜棱岩；
7. 糜棱片岩；8. 超糜棱岩

1. 宏观特征

大王韧性剪切带发育在片岩组和混合花岗岩之上，主要由糜棱片岩和糜棱岩化花岗岩组成。

糜棱片岩变形相对较弱，在含堇青石片岩区，主要通过印支期动热变质成因片理的剪切变形和早期变斑晶的旋转来释放剪切应力。早期片理中膝折非常发育，片理变形强烈，可见轴面平缓的紧闭同斜褶皱。可见同构造分泌的石英脉发生剪切变形形成碎斑系和不对称褶皱。片理发生强烈褶皱翻卷，形成倒向 SE 的紧闭同斜片褶。

在混合花岗岩区，岩石总体均质，韧性剪切带影响带主要发育糜棱岩化花岗岩和花岗质糜棱岩，变形作用相对较弱，细粒化作用不明显。

2. 微观变形特征

剪切带在南侧切过筋竹那蓬变质杂岩体，石英明显细粒化，动态重结晶现象明显，石英颗粒边界多呈不规则状。粒内具明显波状消光和带状消光。部分晶内可见变形纹。集合体多呈似堆状、似条带状绕长石颗粒定向排列。具体可见波状消光、亚晶粒、碎斑系、动态重结晶新晶粒、静态恢复重结晶晶粒、扭折带、条带状构造和云母鱼等微观特征。

3. 运动学特征

在垂直倾向的平面上，石英脉体被拉断呈定向排列的透镜体，单个透镜体具有明显的不对称拖尾，指示具有右旋剪切性质（图 8-25）。剪切变形同构造分泌石英脉体垂直走向的平面上，前期堇青石变斑晶发育"δ"和"σ"型剪切变形组构指示剪切带具逆冲性质。

在野外观测到的线理，与糜棱面理倾向一致，基本无侧向走滑分量，说明剪切带应发生了两期活动。根据区域地质背景，早期应在 NW-SE 向强烈挤压应力作用下形成的逆冲推覆型韧性剪切带，总体倾向 NW，其发育与印支期大规模 NE 向紧闭复式褶皱的形成和动热变质作用同期。在后期陆内侧向滑移阶段沿剪切带又发生右旋剪切活动。

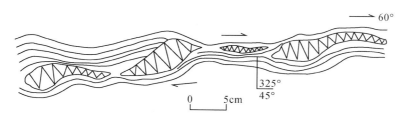

图 8-25 顺走向剪切组构示右旋剪切运动性质

4. 变形活动时代

在筋竹镇东侧，剪切带叠加发育在早三叠世混合花岗岩之上，这也是剪切带切过的最新地质体，发育糜棱岩化花岗岩，而在筋竹镇东侧采石场处花岗岩中获得 250Ma 的变质锆石年龄。因此认为替滨韧性剪切带的活动时间在中晚三叠世。

（二）替滨韧性剪切带（S1）

替滨韧性剪切带发育于夜护—替滨一线，出露宽度大于 5km，区内延伸长约 55km。剪切带切过云开岩群变质地层，带内主要发育糜棱岩、超糜棱岩、千糜岩、糜棱片岩等（图 8-26）。剪切带总体倾向 NW，倾角 30° ~ 70° 不等。

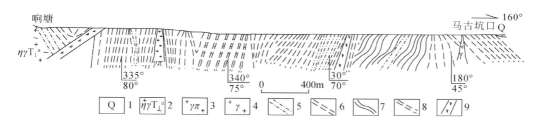

图 8-26 替滨韧性剪切带北段剖面缩略图

1. 第四系；2. 早三叠世混合花岗岩；3. 花岗斑岩脉；4. 花岗岩脉；5. 糜棱岩；
6. 千糜岩；7. 糜棱片岩；8. 超糜棱岩；9. 碎斑岩带

1. 宏观特征

替滨韧性剪切带在大部分地区叠加发育在变质地层之上，形成千糜岩或超糜棱岩。剪切带内弱变形域发育，其中可见变粒岩透镜体。剪切带切过早三叠世混合花岗岩，带内岩石主要为花岗质糜棱岩、糜棱岩化花岗岩。较大的相对刚性花岗岩构成残块，在剪切力偶作用下发育不对称组构，多个残块定向排列形成多米诺骨牌构造。同构造分泌的石英脉，在糜棱面理中在递进变形作用下发生强烈变形，往往受剪切拉断形成透镜体或石香肠构造。千糜岩中递进变形形成的面理褶皱特别是面理膝折较为发育（图 8-27）。超糜棱岩呈隐晶质或微晶质，往往质地细腻，由红色、蓝色、灰色、灰白色等各种颜色组成条带状构造。韧性剪切带后期抬升至地表发生脆性破裂变形，发育若干脆性断层，发育碎裂岩、碎斑岩等。

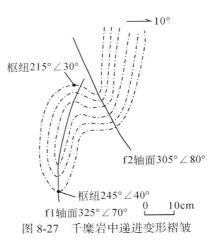

图 8-27　千糜岩中递进变形褶皱

2. 微观变形特征

剪切带主要叠加发育在变质地层之上，岩性总体粒度较细。因此，粒状矿物以石英为主，长石等其他相对脆性矿物含量较少，仅在原岩为花岗质结晶岩石遭受变形产物中才可见。具体可见波状消光、扭折带、亚晶粒、动态重结晶与静态恢复重结晶晶粒、核幔构造、残斑系、条带状构造、S-C 组构、云母鱼、压力影和晶内裂隙等微观特征。

3. 运动学特征

区域上广泛发育的 NE 向剪切面理，倾角中等。花岗质岩石中的剪切面理上常发育有主要由石英丝带构成的矿物拉伸线理，线理指示 NE 走向，侧伏角小于 10°。

变形岩石露头和镜下尺度发育大量不对称剪切组构，均指示剪切带为右旋剪切性质。

4. 变形活动时代

在替滨韧性剪切带中，分别采集了超糜棱岩和糜棱岩化花岗岩的岩石样品，从中分选出白云母进行 ^{40}Ar-^{39}Ar 同位素测年，获得坪年龄分别为 $236.5 \pm 1.5Ma$（图 8-28）和 $222.0 \pm 1.3Ma$（图 8-29），因此认为替滨韧性剪切带的活动时间在中晚三叠世。

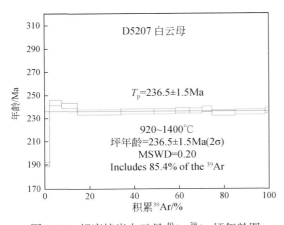

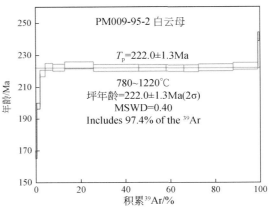

图 8-28　超糜棱岩白云母 ^{40}Ar-^{39}Ar 坪年龄图

图 8-29　糜棱岩化花岗岩白云母 ^{40}Ar-^{39}Ar 坪年龄图

四、逆冲推覆构造

粤西逆冲推覆构造规模的大小，目前尚无定论。根据区域资料，该推覆构造的宽度应不小于50km。区内逆冲推覆构造是该大型推覆构造的组成部分。

（一）逆冲推覆构造依据及构造特征

调查区外已有一系列有力证据支持粤西发育大型逆冲推覆构造。根据区内地质体分布特征，调查区存在逆冲推覆构造，佐证主要为：

（1）替滨镇出露东岗岭组灰岩，地势总体较低，沿断裂NE向展布。灰岩顶部发育顶板断层。

（2）围底镇一带乃至调查区东侧镇安、金鸡一带，广泛出露的石炭纪碳酸盐岩上部"漂浮"着孤立的南华纪变质砂泥岩，褶皱及劈理化变形强烈。

（3）泗纶镇南侧地下数米处发育一层状石英脉（硅化岩），据当地居民介绍，该层发育面积为数平方千米，附近很多村庄村民开挖该层岩石出售。

1. 逆冲推覆外来系统

调查区内逆冲推覆构造的外来系统由前泥盆纪地层组成，包括云开岩群、大绀山组和奥陶纪地层，无一例外表现出强烈侧向压扁，并遭受了近水平方向的剪切作用，造成地层或劈理陡倾的同时，其中发育大量近水平紧闭褶皱。而在罗定盆地东南侧的围底镇一带，外来系统表现为残留于原地系统之上的由南华系大绀山组组成的飞来峰构造，呈孤立的岩块出露于四周石炭纪碳酸盐岩之中。南侧山田一带飞来峰规模较大，一直延伸出调查区至金鸡一带，直至推覆构造前锋（贵子弧）。

2. 逆冲推覆原地系统

调查区内逆冲推覆构造的原地系统由晚古生代地层组成，这与区域上推覆构造的特征一致。确凿的原地系统发育在围底镇一带，由石炭系连县组组成，主要发育中层–厚层状细晶灰岩、白云岩、白云质灰岩、薄层–厚层状粉晶灰岩、细晶灰岩等。在围底镇一带，该套碳酸盐岩表现为单斜，或为某NE向褶皱一翼，岩层倾向NW，倾角中等，未见明显褶皱和劈理发育。替滨镇一带，泥盆系东岗岭组见于广泛分布的云开岩群中。前者主要为泥晶灰岩，未发生变质作用。后者则因动热变质作用形成片岩、变粒岩，局部发生混合岩化。根据构造位置及出露的地形条件判断，该处应是被剪切并有位移发生的准原地系统岩块。

3. 逆冲推覆滑动系统

区内逆冲推覆构造发育于中深层次，推覆滑动系统主要由韧性剪切带构成。在调查区西北侧，大王韧性剪切带内糜棱片岩构成逆冲推覆滑动系统。

此外，在替滨镇，泥盆系东岗岭组灰岩出露于云开岩群中。在灰岩构成的孤山顶部，见有硅化糜棱岩，是残留的晚古生代盖层断夹块的顶板断层，应为深层次韧性滑动系统在燕山期脆性域硅化蚀变的产物（图8-30）。

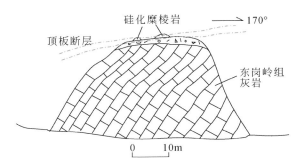

图 8-30　替滨镇残留断夹块露头特征

4. 逆冲推覆的方向

在调查区西北侧，大王韧性剪切带中，董青石变斑晶的 δ 型旋转碎斑指示上部向 SE 的剪切。剪切面理上发育向 NW 高角度倾伏的矿物拉伸线理，反映了逆冲推覆的运动方向。逆冲推覆构造中外来系统的褶皱一律向 SE 方向倾倒，轴面一律向 NW 倾斜。发育一系列近水平剪切形成的平缓褶皱，凸起侧一律为 SE。说明逆冲推覆构造的运动方向为自 NW 向 SE 逆冲。

5. 逆冲推覆的组合类型

调查区内地表可见的，发育于筋竹镇一带的大王韧性剪切带、新乐镇一带受动热变质（或称断裂变质）改造的韧性剪切带，呈犁式展布，将逆冲推覆构造划分为呈叠瓦状排列的三个逆冲岩体。

（二）逆冲推覆构造形成时代与机制

逆冲推覆构造导致前泥盆纪地层被推覆至石炭纪地层之上，说明其变形时代应晚于石炭纪。早三叠世那蓬变质杂岩体的形成与逆冲推覆同期，应是强烈构造热作用或称动热变质作用、断裂变质作用形成，并且未受到逆冲型韧性剪切带的改造。根据那蓬变质杂岩体的形成时代，将逆冲推覆构造形成的时间定在早三叠世。

调查区逆冲推覆构造是粤西大型逆冲推覆构造的组成部分，形成于早三叠世古特提斯洋的闭合和华南陆内造山作用。早三叠世，调查区北西侧的湘桂地块向 SE 方向与云开地块汇聚，造成前泥盆纪半深海海槽砂泥质沉积层发生强烈褶皱增厚与侧向缩短。在持续挤压作用下，以低缓韧性剪切带为滑动系统，巨厚的褶皱地层开始向云开地块 NW 缘逆冲堆叠，在强烈压扁乃至发生构造置换的褶皱一翼发生韧性（脆韧性）剪切变形，不断开辟构造面，并沿该构造面发生向 SE 方向的逆冲推覆运动。前泥盆纪地层发生大规模长距离位移，最南东侧被推覆至调查区外的贵子弧形断裂一带，若从罗定－广宁断裂带右旋主干韧性剪切带算起，整个推覆体的水平位移规模应不小于 30km。

五、新构造运动

泗纶镇南侧罗定江发育一级河流阶地，与现今河床高差约 7m，主要由变质砂岩、变粒岩、混合岩化变粒岩砾石组成，磨圆良好，一般 5 ～ 10cm，基质主要由粗砂构成。围底镇南侧，围底河发育一级河流基座阶地，与现今河床高差约 10m，主要由石英质砾石层、粗砂层组成，磨圆一般，呈次棱角状至次圆状，粒径 1 ～ 3cm，说明搬运距离相对较远，物源相对单一。说明挽近期区内发生了区域性的抬升剥蚀。

六、构造盆地

罗定盆地是调查区乃至粤西地区最大的中生代陆相盆地，位于调查区东南部。除盆地西部被沙底 – 笔架山断裂、盆地东部被狮子岗 – 百子塘断裂破坏之外，盆地四周被不同成分的砾岩环绕，沉积物非常有规律地来自盆地四周基底，向盆地中心沉积物粒度逐渐变细，沉积相呈近同心圆状展布。调查区内乃至区域上盆地边界和盆地内部均未见基底断层控制盆地沉降、沉积作用。

中生代晚期东南地区处于伸展背景下，由于古太平洋库拉板块向欧亚大陆俯冲活动诱发岩石圈的减薄和地幔上隆，地壳浅表层在重力均衡补偿作用下发生相对不均匀拗陷。罗定盆地应是在岩石圈低速率韧性变形条件下形成的"蝶状"拗陷盆地（图 8-31）。

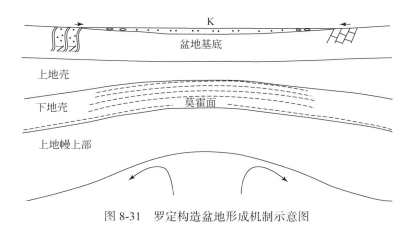

图 8-31　罗定构造盆地形成机制示意图

七、地质发展史

调查区地质演化历史可从新元古代开始追溯，详细列于表 8-9，演化模式见图 8-32。

表 8-9　调查区地质历史表

构造旋回	地质时代		沉积作用	岩浆作用	变质作用	构造形迹组合
喜马拉雅期	第四纪	Q	河流冲积			一级河流阶地
	新近纪	N				NW向压性脆性断层
	古近纪	E				
燕山期	白垩纪	K₂	陆相盆地火山质碎屑岩沉积	过铝质"S"型花岗岩侵位	硅化蚀变 角闪角岩相接触变质	NE向脆性断层
		K₁	陆相盆地红色碎屑岩沉积			
	侏罗纪	J				
印支期	三叠纪	T₃		过铝质"S"型花岗岩侵位		右旋压扭性韧性剪切带
		T₂				
		T₁			角闪岩相 区域动力热流变质	②NE向紧闭(同斜)褶皱 韧性逆冲剪切带 ①NW向褶皱及劈理
海西期	二叠纪	P				
	石炭纪	C	陆表海碳酸盐岩沉积			
	泥盆纪	D₃	陆表海碎屑岩和碳酸盐岩沉积			
		D₂				
		D₁				
加里东期	志留纪	S₃₋₄	残留滞流海盆重力流远端沉积			NW向宽缓褶皱
		S₁₋₂				
	奥陶纪	O₃			低绿片岩相区域变质作用	NW向宽缓褶皱
		O₂	浅海砂泥质沉积含局限台地相砂屑灰岩			
		O₁	海底扇重力流沉积			
	寒武纪	Є				
	新元古代	Pt₃	陆缘类复理石沉积			

第五节　地质矿产与地质灾害

本次调查主要针对风化层进行，对风化层的含矿性和成矿有利因素进行了分析，并划分了风化矿床成矿潜力分区。

一、风化矿床成矿地质条件与潜力评价

调查区属南亚热带季风气候，湿润多雨，风化作用强烈，除第四纪冲积物掩盖区外，

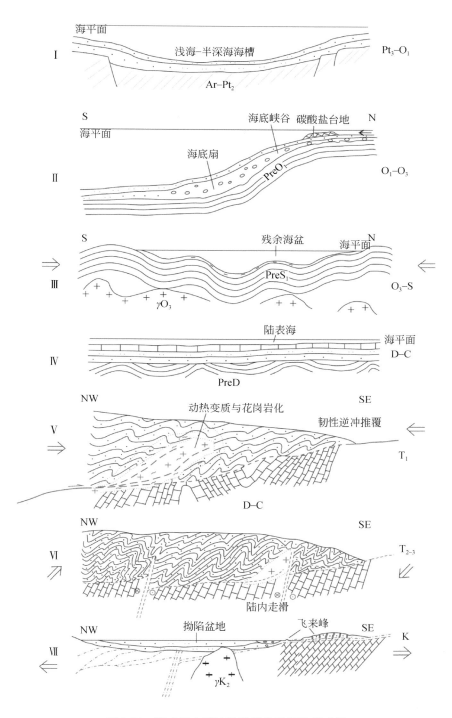

图 8-32 调查区主要构造阶段构造演化模式图

所有地质体均发育有厚度不等的风化层。据调查，区内不同地区不同岩性的风化层厚度不均，总体分布在 1～50m，局部地质构造发育区厚度可超 100m，其中以花岗质岩石的风化层厚度最大，一般在 20m 以上。巨厚的风化层由于遭受了长期的物理、化学和生物风化作用，具有完全不同于新鲜基岩的物理、化学性质且组分变化复杂，局部地段甚至形成具有工业价值的风化矿床。

（一）风化层含矿性调查

1. 区域矿产概况

调查区处于钦杭成矿带西段的云开地区，区内新元古代云开岩群至白垩纪地层广泛出露，罗定–广宁断裂贯穿全区，岩浆活动和混合岩化强烈，成矿地质条件优越，为粤西地区重要的成矿区带。区内已知矿种有锡、铁、金、稀土、铌钽等矿种，多为矿点或矿化点，规模较小，少量为小型矿床（表 8-10）。

此外，本项目浅钻工程调查在 7 处钻孔中新发现规模不等的矿化现象，其中稀土矿 3 处、铌钽矿和高岭土矿各 2 处。

表 8-10　调查区部分矿（床）点

编号	名称	矿种	矿床规模	矿床类型	工作程度	备注
1	郁南千官圩独居石砂矿	独居石	矿点	冲积砂矿	野外踏勘	未利用
2	罗定连州石迳金矿	金矿	小型矿床	热液矿床	初步普查	停采矿区
3	罗定黎少枚文金矿	金矿	矿点	变质矿床	野外踏勘	生产矿区
4	罗定森木岭金矿	金矿	矿点	变质矿床	野外踏勘	生产矿区
5	罗定松木社金矿	金矿	矿点	变质矿床	野外踏勘	生产矿区
6	罗定泗纶高寨砂金矿	金矿	矿点	冲积砂矿	野外踏勘	未利用
7	罗定沙口金矿	金矿	矿点	热液矿床	野外踏勘	生产矿区

2. 区域化探、重砂异常特征

本次调查综合考虑区域地质矿产背景和主要风化矿种，结合调查区 1：20 万区域化探、重砂测量等资料（广东省地矿局区调队，1989），圈定了以 Y、La、Nb、Sn、Au、Al_2O_3 等元素和氧化物为主的化探异常 37 处，自然锡–锡石重砂异常 4 处，自然金重砂异常 2 处，作为预测区内离子吸附型稀土矿、残积铌钽矿、残坡积锡矿、残积金矿和残余高岭土矿等风化矿床成矿潜力的重要依据。

区内元素化探异常分布规律明显，整体呈北东向分布于中部的早三叠世混合花岗岩区及其旁侧的早三叠世片岩组和新元古代云开岩群变质地层内。其中，Y、La 异常规模较大，主体展布严格受控于区内的混合花岗岩；Sn 主要分布于混合花岗岩区、北部的片岩组和南部的花岗斑岩区，与多处锡矿点和自然锡–锡石重砂异常吻合较好；Au 异常主要分布于南西部的云开岩群变质地层和罗定盆地内；Nb异常受花岗斑岩体（脉）控制明显。

3. 风化矿床成矿性调查与评价

1）离子吸附型稀土矿

目前，华南地区能形成此类工业稀土矿床的含矿地质体以花岗岩、混合岩、火山岩和次火山岩为主，其中燕山期花岗岩风化壳稀土矿化现象最为显著。

（1）区内主要花岗质岩石稀土含量特征分析。燕山期花岗岩类稀土元素含量相对较高，其中 Y_2O_3 含量达 $173.99×10^{-6}$，占稀土总量比例的 39.2%，具有显著的富钇特征，易于形成风化壳离子吸附型富钇重稀土矿；印支期花岗岩类稀土元素含量相对偏低，明显低于南岭地区花岗岩稀土总量平均值。

（2）稀土含量垂向分析调查。稀土含量分析结果表明，12 处调查孔中共有 6 处钻孔在风化层的不同位置发现规模和强度不等的稀土矿化现象。

以 ZK38 和 ZK65 号钻孔为例，从上至下各风化层稀土总量垂向变化曲线表明，残积层至全风化层稀土总量总体变化不大，仅在局部范围偏高（图 8-33）；强风化层内上部稀土总量几乎无变化，至下部含量逐渐升高，至中风化层则迅速降低（图 8-34）。上述稀土总量在垂向上的变化趋势可能与不同深度黏土矿物含量、构造、水文地质环境等因素有关。

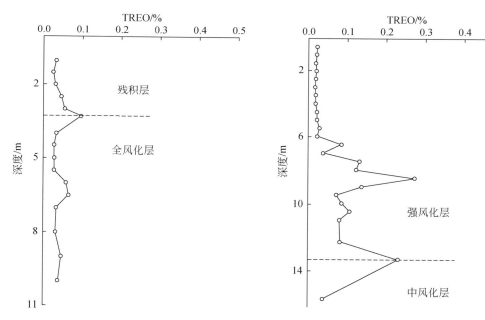

图 8-33 ZK65 号钻孔稀土总量垂向变化曲线　　图 8-34 ZK38 号钻孔稀土总量垂向
变化曲线

（3）花岗斑岩风化壳型稀土矿远景资源量预测。调查区南部金银河水库一带出露一处较为完整的花岗斑岩体，以丘陵地貌为主，1∶20 万区域化探圈出了较为显著且严格环绕于该花岗斑岩体的 Y 异常。本次调查综合区域化探异常特征和已有浅钻成果，结合矿体特征和已有探矿工程实际，选择"地质块段法"为适宜的资源储量估算方法对整个花岗斑岩风化壳的矿体进行资源储量估算，得到块段矿石量范围为 56000 ～ 260000kt，重稀土金属量（REO）范围为 28 ～ 460kt，表明该花岗斑岩体具有寻找大型及以上规模风化壳型重稀土矿的找矿前景。

2）残坡积砂锡矿

前人在区内已发现多处锡矿点，以花岗伟晶岩型为主，个别为热液矿床。锡石抗风化能力强，在原生锡石硫化物矿床风化后，锡石多残留原地或附近洼地富集。1：20万区域化探在调查区圈定了规模和强度较大的多处 Sn 异常，主要分布于中部的混合花岗岩、北部的早三叠世片岩组和南部的花岗斑岩区，反映除已知矿点外，仍具有较大的找矿前景。

据初步调查，上述 Sn 异常区风化层的发育厚度普遍达 10 ～ 25m，结合已知矿点的类型以及规模较大的化探、重砂异常的存在，调查区具有良好的寻找残坡积砂锡矿的找矿潜力。

3）残积铌钽矿

调查区已知一处小型伟晶岩型铌钽矿床，附近的两处同类型锡矿点也伴生强度及规模不等的铌钽矿化，1：20万区域化探虽未在上述矿点周围发现明显的 Nb、Ta 异常，但矿点附近风化层厚达 15 ～ 25m，不排除局部发育有风化残积型铌钽矿的可能。此外，南部的花岗斑岩体和中北部的混合花岗岩区均圈定了规模较大的 Nb 异常，其中位于花岗斑岩体的稀土矿化孔中发现了厚度大、Nb_2O_5 品位高的铌矿体，矿化连续性较好，集中产于强风化层，表明调查区 Nb 异常带尤其是南部的花岗斑岩体具有良好的寻找风化残积型铌矿的找矿潜力。

4）残积金矿

调查区已知金矿（化）点较多，集中分布于南西部海西—印支期混合花岗岩与云开岩群接触带附近的混合岩化变质岩中，个别小型矿床位于罗定盆地。除罗定盆地外，已有的浅钻工程调查揭露上述 Au 异常区风化层厚度达 15 ～ 30m，具备形成残积型金矿的风化壳条件。

5）残余高岭土矿

同风化壳型稀土矿类似，调查区广泛分布的花岗质岩石为该类型风化矿床的形成提供了充分的原岩条件。

1：20万区域化探测量在花岗岩区（含混合花岗岩）圈定了多处 Al_2O_3 的正异常区，可作为寻找残余高岭土矿的重点成矿带。已有的浅钻工程共有 4 处位于上述重点成矿带内，其中 ZK48 号孔内揭露一处高岭土矿化。该处高岭土矿厚约 0.6m，位于强风化中粒黑云母二长混合花岗岩与强风化透辉石岩接触带上（图 8-35），质软，整体色调偏白、黄，纯度较高，几乎均由高岭石等黏土矿物组成。从接触关系看，推测该处高岭土矿主要由下部的富铝透辉石岩风化形成。其他几处钻孔虽未见明显的高岭土矿化，但孔内风化层黏土化作用强烈，附近具有较好的形成残余高岭土矿或其他黏土矿的成矿潜力。

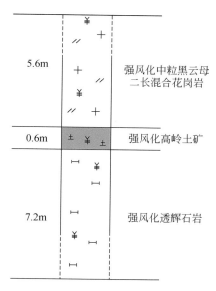

图 8-35　ZK48 号钻孔高岭土矿段柱状图

（二）成矿有利因素探讨

风化矿床的形成受多种因素影响，最重要的因素包括基岩组分、地质构造、表生环境与作用以及水文地质环境等。

1. 基岩组分

基岩的矿物组成和化学成分，对其风化产物具有控制作用，基岩成分的不同，直接决定其所形成的风化矿床类型。在物理、化学和生物风化作用下，基岩发生分解，活动性大的组分大部分流失，活动性小的组分容易被吸附，在风化壳中次生富集直至形成工业矿床。

一般认为，基岩中有用组分含量越高，形成风化矿床的可能性越大。以调查区花岗斑岩体为例，该类型花岗斑岩具有显著高于区内其他所有花岗质岩石的稀土总量和明显的富钇特征，为典型的富稀土元素花岗斑岩。在花岗斑岩体风化层施工的 6 处浅钻中有 5 处发现规模和强度不等的稀土矿化，矿化品位相对基岩含量提高约 1.5 ～ 8 倍，显示出明显的次生富集作用。而在其他稀土含量明显偏低的花岗岩区风化层实施的 6 处浅钻中仅 1 处发现稀土矿化现象，表明基岩有用组分含量的高低对于形成风化矿床影响巨大。

2. 地质构造

地质构造条件对风化矿床的形成和保存具有重要意义。大规模、巨厚风化矿床的形成往往需要长期稳定的地质构造环境，但局部区域内地质构造的发育也有利于风化矿床的形成与发育。

调查区南部金银河水库一带出露一处面积较大的花岗斑岩体，由于地质构造环境的差异，各处风化层发育的厚度差异较大。其中 ZK38 号孔所在地附近发育一条北西向断裂构造，钻孔处揭露的风化层厚度近 50m，强风化层内发育的重稀土矿化总厚达 7.4m，矿化品位（REO）为 0.05% ～ 0.18%，且伴生一定规模的轻稀土矿化，而 ZK64 号和 ZK65 号孔处未见断裂构造发育，钻孔处揭露的风化层厚度仅 10 ～ 20m，层内发育的重稀土矿化厚度仅 0.5 ～ 2.0m，矿化品位（REO）0.03% ～ 0.06%，矿化规模与强度均明显小于 ZK38 号孔风化层内发现的稀土矿化现象，显示出区域地质构造对基岩风化层的厚度、风化矿床的形成与发育的重大影响。

3. 表生环境与作用

调查区地处亚热带 – 热带地区，气候湿润，植被发育，有机酸来源丰富，生物和化学风化作用十分强烈，为区内形成巨厚的风化层提供了极佳的表生环境。据已有的边坡地质调查和浅钻工程调查，除罗定盆地局部和小范围灰岩裸露区风化层厚度小于 5m 外，调查区大部风化层厚度均大于 10m，且多数超 20m，有利于区内风化矿床的形成与发育。

此外，地形地貌条件对风化矿床的形成也具有一定影响，其中高差不大的山区及平缓丘陵地形对风化矿床的形成最为有利，局部特征表现为：地形起伏小比地形起伏大、缓坡比陡坡、宽阔山头比狭窄山头、山脊比山坳、山顶比山腰更有利于成矿。调查区主要发育丘陵、山地、盆地和平原等四种地形地貌，除东部和南部为分布面积较大的罗定盆地外，西部、北部和中部主要为丘陵和低山山地，为区内风化矿床的形成提供了良好的地形地貌条件。

4. 水文地质环境

风化矿床的形成和地表水、地下水的运动情况以及水的化学类型有密切的关系。据 1：20 万水文地质调查（广东省地矿局水文一队，1980），调查区丘陵 – 低山地貌区风化强烈，植被发育，有利于大气降水的渗透和滞留，故裂隙潜水分布广泛，水量中等，水化学类型以 HCO_3-Ca（Na）为主且富含有机酸等，有利于基岩风化；盆地或河谷平原冲积层中的砂、砾石赋存孔隙水，水量较为贫乏，水化学类型以 HCO_3-Ca 为主；碳酸盐岩类分布区裂隙和孔洞发育，有利于大气降水和地表水的渗入、储存，赋含裂隙溶洞水，水量较为丰富，水化学类型以 HCO_3-Ca 为主，但该类型地貌区在调查区分布范围较窄，且多数地段为基岩裸露，形成风化矿床潜力较差。

综上，丘陵 – 低山地貌区具有较好的形成风化矿床的水文地质环境。

（三）风化矿床成矿潜力分区

为了尽量准确、全面地对调查区风化层成矿潜力进行综合评价与表达，本次在取得现有成果的基础上，结合已知矿产、1：20 万区域化探和重砂测量资料，同时充分考虑基岩类型、地质构造、表生环境与作用、水文地质环境等影响风化矿床形成与发育的各种因素，在全区范围内划分出 5 处不同类型风化矿床成矿潜力分区，各分区特征如表 8-11。

二、地质灾害风险区划

根据广东省地质勘查"十三五"规划，基础地质调查项目服务领域逐步由资源型向资

表 8-11　调查区风化层成矿潜力分区特征表

分区编号	风化层厚度/m	主要基岩类型	地质构造条件	表生环境与作用	水文地质环境	区域水系沉积物、重砂异常	已知矿床、矿（化）点	预测主要风化矿床类型
I	15~30	片岩、变质细粒长石石英砂岩、黑云母二长花岗岩	北东向、北西向脆性断裂构造发育	丘陵地貌、高差小、坡度小、生物、化学风化作用强烈	含裂隙水、水量贫乏，水化学类型以HCO_3-Ca和HCO_3-SO_4-MgNa为主	Y、La、Sn、Al_2O_3化探异常，自然锡-锡石重砂异常	小型铌矿床1处，锡矿点3处	残积铌矿、残积砂矿
II	8~20	混合花岗岩、花岗斑岩、变质细粒长石石英砂岩、片岩	岩石较完整，局部发育北东向、北西向脆性断裂构造	丘陵-低山地貌，高差<100m，坡度小，生物、化学风化作用强烈	裂隙潜水分布广泛，水化学类型以HCO_3-Ca(Na)为主且富含有机酸	Y、La、Sn、Nb化探异常	独居石砂矿点1处，离子吸附型稀土矿点1处，锡矿点3处	离子吸附型稀土矿、残积砂锡矿
III	15~30，局部>40	混合花岗岩为主，局部片岩	岩石较完整，中西部发育北东向、北西向脆性断裂构造	低山-丘陵地貌，高差<150m，坡度小，生物、化学风化作用强烈	裂隙潜水分布广泛，水化学类型以HCO_3-Ca(Na)为主且富含有机酸	Y、La、Sn、Al_2O_3化探异常	金矿点1处，离子吸附型稀土矿点1处	离子吸附型稀土矿、残余高岭土矿
IV	15~30，局部>40	混合岩、片岩、变质细粒长石石英砂岩、混合花岗岩	北东向、北西向脆性断裂构造发育	丘陵地貌，高差<100m，坡度小，生物、化学风化作用强烈	含裂隙水、水量中等，水化学类型以HCO_3-Ca为主	Y、La、Au、Al_2O_3化探异常，自然金重砂异常	小型金矿床1处，金矿点6处，锡矿点1处，高岭土矿1处	残积金矿、残余高岭土矿、离子吸附型稀土矿
V	10~35，局部>40	花岗斑岩、砾岩和砂岩	岩石较完整，局部发育北东向近南北向脆性断裂构造	丘陵-盆地地貌，高差<100m，坡度小，生物、化学风化作用强烈	含裂隙水、水量较贫乏，水化学类型以HCO_3(Cl)-Na(Ca、Mg)为主	Y、Nb、Sn、Al_2O_3化探异常	离子吸附型稀土矿点2处	离子吸附型稀土矿、残余高岭土矿

源与环境并重的社会化方向转化，其中一项任务是为"地质灾害调查预警"服务，因此本项目对调查区地质灾害开展了相关调查。调查区地质环境较复杂，地貌以中低山、丘陵、盆地为主，风化土覆盖强烈，地质灾害较频发，以崩塌、滑坡、泥石流等为主，局部有地面沉降及岩溶塌陷的威胁，对调查区人民生命、财产构成较大威胁，本次工作对调查区地质灾害做了专项调查。

（一）地质环境条件

1. 地层与岩石条件

调查区地层分布面积较广。古生代及新元古代地层区，岩性以变质砂岩、变质粉砂岩、千枚岩及灰岩为主，岩层层面走向以北东向为主，北西向次之，倾角 30°～80°，较陡峭，为不稳定地质体，较易发生崩塌、滑坡等地质灾害；"红盆"区以白垩纪地层为主，岩石以细砂岩、粉砂岩、泥岩、砾岩为主，岩层倾角小于 10°，较平缓，岩层较稳定，为地质灾害低易发区。

调查区变质岩、侵入岩较发育，调查区西北角发育燕山期侵入岩，岩性以二长花岗岩为主，花岗闪长岩、石英闪长岩次之，岩石较均质，侵入奥陶纪地层中；调查区中部为那蓬变质杂岩体、二叠纪侵入岩，那蓬变质杂岩体岩性以混合花岗岩、混合岩、变粒岩为主，混合岩体两侧为片岩、片麻岩组，三叠纪侵入岩呈小面积岩株产出，侵入那蓬变质杂岩体及志留纪地层中，岩性为二长花岗岩；调查区南西侧为云开岩群，变质程度高，受各期构造运动改造，以片岩、变粒岩等为主；调查区南东侧为金银河花岗斑岩，侵入白垩纪红层中，地貌呈圆柱状山峰。岩石以花岗岩、混合花岗岩为主，变质岩次之，尤其以横穿调查区中部的那蓬变质杂岩体（岩性以混合岩 – 混合花岗岩为主）分布最广，该套岩石节理发育，风化层较厚，易发生崩塌、滑坡等地质灾害。

2. 气象水文条件

调查区地处北回归线南侧，属南亚热带季风气候区，气候温和，雨量充沛。全年平均日照率 42%。年平均气温 20.8～24.4℃，6～8 月份平均气温 27.6～28.2℃，最高气温达 38.8℃，12 月至次年 2 月平均气温 12.2～14.5℃，最低气温 –3.4℃。年平均降雨量 1380～1605mm，4～9 月为雨季，降雨量占全年的 75.4%～80.4%。年平均蒸发度 1336～1848mm。年平均相对湿度 80%～82%，潮湿系数 0.80～0.99，属湿度适中带。山区冬春常见浓雾，4～9 月多东 – 东南风，10 月至次年 3 月多西 – 西北风，风速一般 1～2m/s，最大 10～12m/s。温、光、热地域差异明显，干旱及倒春寒灾害较多。

河流均属西江水系，主要的河流为罗定江，流经调查区东部及南部，上游河床宽 5～10m，下游 100～150m，河谷较开阔。河水平均深度 1～3m。一般季节可通小船，涨水季节小轮船可通连滩镇。汛期河水漫溢，淹没两岸低地。

罗定江官良水文站数据显示罗定江每年 12 月至翌年 3 月为枯水期，4～5 和 9～10 四个月为平水期，6～9 月为丰水期。降雨为引起水文变化的主要因素。丰、枯水期平均径流量一般相差 3～4 倍，最大洪流量则比最小枯流量大 179 倍。

综上可知调查区温暖湿润，降雨量大，且季节分布不均，加之岩石化学风化强，风化土较厚，容易发生崩塌、滑坡、泥石流等地质灾害。

3. 地形地貌条件

区内主要发育丘陵、盆地、低山、平原等四种地貌。西部和北部主要为丘陵和低山地貌，东部和南部为广阔的罗定盆地，西江支流罗定江在区内形成规模不大的冲积平原。区内最高海拔 814m，位于西部罗云大山，最低海拔十余米，位于连滩镇南江冲积平原区。

调查区地形起伏变化较大，尤其在西部及北部地区山峰与山谷交替出现，有利于崩塌、滑坡及泥石流的发生。

4. 地质构造条件

1）褶皱

调查区褶皱主要发育于奥陶系—泥盆系中，以 NE 向为主，NWW–NW 向次之，NE 向褶皱构造线形成于印支期至燕山期，主要发育于奥陶系及泥盆系之中，褶皱形态有倒转背斜、背斜、复式褶皱以及向斜。在那蓬变质杂岩体东侧，NE 向构造改造相对较弱，加里东期 NWW–NW 向构造线被保存下来，以志留系中的复式褶皱为主。

褶皱对调查区奥陶系—泥盆系岩层改造强烈，岩层受挤压变形严重，节理及裂隙发育，使岩层稳定性降低。

2）断裂

调查区内 NE 向断裂较为发育，NW 向次之，EW 向少量，断层以挤压性质为主，断层活动时间多数可确定在晚白垩世及其之后。调查区断层主要分布于地质体界线处，如白垩纪红盆西边与云开岩群呈断层接触，那蓬变质杂岩体南东侧与云开岩群呈断层接触；北东部志留系、泥盆系及红盆边部的白垩系中断层非常发育，地层被切割呈条带状及网格状；调查区北西部断层发育较弱，岩石受断层影响较弱；调查区南东部红盆内部及金银河花岗斑岩体中断层不发育，岩石较完整。

调查区中部及北东部断层较发育，该区域岩石被断层切割严重，发育断层、节理，岩石稳定性差，断层较发育区域风化土厚度普遍较厚，为地质灾害易发区。

3）韧性剪切带

调查区主要发育两条 NE 向韧性剪切带，那调查区中部那蓬变质杂岩体两侧，发育于早三叠世片麻岩组及云开岩群中，岩石发育糜棱岩化，岩石出现挤压破碎，岩石结构遭受破坏，稳定性降低。罗定盆地是调查区最大的中生代陆相盆地，位于调查区东南部，盆地内部以细砂岩、粉砂岩以及泥岩为主，岩层平缓，盆地内构造迹象不发育，风化层较薄，岩石稳定性较好。

5. 风化层特征及岩土体工程地质条件

1）风化层特征

调查区因气候温和，雨量充沛，岩石化学风化非常强烈，大部分地质体为厚度不等的风化土覆盖，这也是强烈风化区的典型特征。岩土体分为风化土、全 – 中风化层。

（1）风化土。调查区基岩表层风化土多为原地或近源堆积，为残积土加表层近源坡积物组成，调查区风化土按粒径主要分为四大类，分别为砂土、粉土、砂质黏土、粉质黏土。

（2）全－中风化层。调查区中生代以前地层岩性以层状碎屑岩、灰岩为主，倾角较陡，为 30°～80°，该类全－中风化层为较不稳定类；白垩纪地层岩石以层状细砂岩、粉砂岩、泥岩及砾岩为主，岩层倾角小于 10°，较平缓，该类地层全－中风化层较稳定；调查区侵入岩中全－中风化层比较均质，自上而下呈渐变过渡，稳定性较中生代以前地层好；调查区变质岩普遍发育片理、片麻理等，片理及片麻理倾角多为 30°～55°，属不稳定类。

2）岩土体工程地质条件

根据岩土体特征和物理力学性质，调查区岩土体可划分为 1 类土体和 8 类工程地质岩性，详述如下。

Ⅰ类砂、砂土、黏土及砾石层局部发育软土，易引发软土地基沉降；Ⅱ类层状变质粉砂岩、板岩、千枚岩岩性组；Ⅲ类层状片岩、片麻岩、变粒岩岩性组和Ⅵ类层状碎屑岩岩性组裂隙发育，顺坡向结构面、软弱层易形成滑坡、崩塌及泥石流等地质灾害；Ⅶ类层状碳酸盐岩岩性组岩溶发育，易发生岩溶地面塌陷；Ⅵ类"红层"碎屑岩岩性组岩石及Ⅸ类块状侵入岩岩性组易风化，易引发水土流失；Ⅴ类混合花岗岩、混合岩岩性组及Ⅸ类块状侵入岩岩性组岩石极易风化，侵蚀切割强烈，风化层较厚，易发生滑坡、崩塌等地质灾害。

6. 水文地质条件

1）地下水的类型及赋存条件

根据地下水的赋存条件、水理性质及水力特征，将调查区地下水划分为松散岩类孔隙水、碳酸盐岩类裂隙溶洞水和基岩裂隙水；其基岩裂隙水又分为红层（白垩系为主）裂隙水、层状岩类（前白垩系）裂隙水及块状岩类（侵入岩及混合岩类）裂隙水三种类型（表 8-12）。

表 8-12　调查区地下水类型

岩类名称		地下水类型	含水地层及侵入岩
松散岩		孔隙水	第四系
碳酸盐岩		裂隙溶洞水	泥盆系及石炭系中碳酸盐岩
基岩	红层	裂隙水	白垩系碎屑岩
	层状		泥盆纪—新元古代地层
	块状		各期侵入岩、那蓬变质杂岩体及二叠纪片岩、片麻岩组等

2）地下水特征

（1）松散岩类孔隙水。调查区松散岩类孔隙含水层主要分布于罗定江流域，为河流冲积层或河湖相沉积层中的卵石、砾石、砂和亚黏土，厚度一般 1～5m，连滩镇周边平原可达 90m。河流上游冲积层几乎全由卵石、砾石、砂组成，含潜水；河流中下游含水层被厚 0.5 ～ 5m 的土或砂质黏土覆盖，形成弱承压水。

（2）碳酸盐岩类裂隙溶洞水。调查区碳酸盐岩分布范围窄，仅在调查区东部及南东部可见少量泥盆纪及石炭纪灰岩、白云岩等出露，以覆盖型岩溶水及埋藏型岩溶水为主。

（3）基岩裂隙水。红层裂隙水分布于罗定盆地，其中盆地北部、西部断裂带区域为富水带，盆地中部、东部及南部属贫水带。层状基岩裂隙水主要分布于前白垩系的碎屑岩之中，分布面积较广，主要为风化裂隙潜水，大部分水量中等，少部分贫乏或极贫乏。块状基岩裂隙水分布于调查区侵入岩及高级变质岩中，主要为风化裂隙潜水，大部分水量中等，少数为贫乏或极贫乏。

3）地下水的补给、径流与排泄

调查区山丘广布，大气降水是地下水的主要补给来源；在河谷平原，地下水还接受两侧山丘地下水侧向补给和灌溉水及汛期河水的补给。调查区冲积平原和碳酸盐岩分布面积较小，地下水多为风化带裂隙水，由于地形切割强烈，地下水径流途径较短，故一般为重碳酸钙（钠）型的矿化水。地下分水岭往往与地表分水岭一致。地下水以三种方式排泄：渗入河流；泄漏成泉；潜水蒸发。第二种方式泉水最终也流入河流，调查区河流大多流入西江，因此西江为调查区地下水总排泄处，亦为调查区侵蚀基准面；调查区气候温和，潜水蒸发也是地下水重要的排泄途径。

7. 人类活动对地质环境影响

调查区人类工程活动强烈，尤其是罗定盆地、罗定江冲积平原及山脚低洼处，调查区北部地势较陡的山坡及山顶人类工程活动较少。人类工程活动是形成地质灾害的重要因素，主要表现是工业与民用建房、道路交通建设及矿山开采等。

削坡建房是造成本区地质灾害的主要人为因素。其次，在调查区南东部碳酸盐岩区及第四纪平原区，人工抽水及桩基施工等易引发地面沉降及岩溶塌陷。另外，交通道路建设过程中人工切坡易形成不稳定的临空面，尤其是在调查区北部及南西部的县乡道，人工切坡后多未采取护坡措施，或护坡措施不当的地段，在强降雨的引发作用下，易引发崩塌、滑坡。而近年来人为滥挖河砂造成的河床下切对水利工程设施、堤岸构成了严重威胁，汛期已发生塌岸等严重灾害。

（二）地质灾害发育特征

通过调查区资料收集和野外调查，区内地质灾害或隐患点达 268 处，其中已发地质灾害 95 处，地灾隐患点 173 处，隐患点以不稳定边坡为主。

经统计分析，调查区地质灾害以崩塌为主，跟岩土类型关系密切，其中块状侵入岩岩性中地质灾害或隐患点数量最多。这些灾害点的发生又与低山丘陵区微地貌条件密切相关，一般发生在坡高 5 ～ 40m，坡度大于 35° 的边坡上。

调查区地质灾害以小型规模为主，个别崩塌和泥石流为中型规模；调查区地质灾害稳定性多较差，以不稳定 – 稳定性差为主，稳定性较好的边坡多为低矮边坡，如红盆及地势较缓的岩土区。

（三）地质灾害易发程度区划及防治建议

在综合考虑影响地质灾害发育的各种因素、已发地质灾害发育特征及潜在地质灾害的基础上将调查区划分为地质灾害高易发区（A）、中易发区（B）和低易发区（C）三个区，在地质灾害防治分区中分别对应重点防治区、次重点防治区以及一般防治区。各区主要灾害类型及防治建议如下。

1. 重点防治区

重点防治区的地质灾害种类为崩塌、滑坡、泥石流、水土流失，为地质灾害高易发区，需对该区采取以下防治措施：①禁止区内居民和企事业单位随意切坡、开挖等行为；②严格控制和限制地质灾害易发区内土地的建设及矿山开发利用；③对该区矿山进行地质环境评估，禁止矿区开采抽排地下水；④对已发灾害采取避让、监测、工程和生物等措施治理。

2. 次重点防治区

次重点防治区的地质灾害种类为崩塌、水土流失、岩溶塌陷，为地质灾害中易发区，需对该区采取以下防治措施：①严格控制和限制山体周边土地的建设开发利用及随意切坡等行为；②对岩溶区开展进一步地质调查，查明岩溶分布范围和发育规律；③对已发灾害采取避让、监测、工程和生物等措施治理。

3. 一般防治区

一般防治区的地质灾害种类为崩塌、水土流失、地面沉降，为地质灾害低易发区，需对该区采取以下防治措施：①严格控制和限制山体周边土地的建设开发利用，以及随意切坡等行为；②已发灾害采取避让、监测、工程和生物等措施治理。

第九章　结　束　语

本次研究存在的问题及下一步工作建议主要有以下几个方面：

（1）在试点项目开展的中前期，项目组关注的重点是风化层下伏基岩－构造的识别和通过风化层来推断基岩，对风化层本身的研究不够重视。下一步可以尝试通过遥感数据中热红外提取来进行风化类型和风化程度的划分。在项目后期，逐渐关注了与风化作用有关的元素富集规律及成矿潜力，以及主要与风化层厚度及成分相关的地质灾害的分布规律。

（2）前人的工作由于涉及的行业、部门及完成单位较多，存在较多标准、规范及认识上的差异，给资料的综合利用带来了一定的阻碍。

（3）典型风化断面的风化土薄片和地球化学研究未能一一对应，且数量太少，下一步需要进行系统研究。

（4）由于试点项目周期及区域所限，对整个强风化区的地貌特征及岩性组合了解尚不够全面，加之笔者水平所限，对技术方法的总结难免存在以偏概全的情况，尚需要实际工作中进一步完善。

（5）建议在华南强风化区部署地质调查工作，不断实践和完善调查方法，以便提高覆盖区地质图的质量，拓宽服务领域，提高服务水平。

主要参考文献

陈松，陈长敬，吴俊，等．2017．物探方法在强风化区填图中的应用探索．地质力学学报，23（2）：206-213．

地质部广东省地质局．1962．1∶20万罗定幅区域地质测量报告．

广东省地矿局区调队．1989．1∶200000罗定幅地球化学图说明书．

广东省地质调查院．2003．1∶25万阳春幅区域地质调查报告．

广东省地矿局水文一队．1980．1∶20万罗定幅区域水文地质调查报告．

广东省地质矿产局．1996．广东省岩石地层．武汉：中国地质大学出版社．

广东省地质调查院．2003．1∶25万阳春幅区域地质调查报告．

郝立波，陆继龙，李龙，等．2007．区域化探数据在浅覆盖区地质填图中的应用方法研究．中国地质，321（4）：710-715．

孔广胜．2005．利用钻孔超声成像的图像特征进行岩石风化程度分类．物探与化探，29（4）：367-368，373-380．

李日运，吴林峰．2004．岩石风化程度特征指标的分析研究．岩石力学与工程学报，23（22）：3830-3833．

刘成禹，何满潮．2011．对岩石风化程度敏感的化学风化指数研究．地球与环境，39（3）：349-354．

裴媛媛，邓飞．2016．双极化SAR联合光学遥感影像在南方强风化区填图中的试验研究．地质力学学报，22（4）：976-983．

尚彦军，吴宏伟，曲永新．2001．花岗岩风化程度的化学指标及微观特征对比——以香港九龙地区为例．地质科学，36（3）：279-294．

尚彦军，王思敬，岳中琦，等．2004．全风化花岗岩孔径分布–颗粒组成–矿物成分变化特征及指标相关性分析．岩土力学，25（10）：1546-1550．

史长义，任院生．2005．区域化探资料研究基础地质问题．地质与勘探，41（3）：53-58．

王磊，李萼雄．1996．红层边坡风化过程的化学分析．成都科技大学学报，（6）：61-66．

王仁民，游振东，富公勤．1989．变质岩石学．北京：地质出版社．

吴宏伟，尚彦军，曲永新，等．1999．香港花岗岩风化分级化学指标体系与风化壳分带．工程地质学报，7（2）：125-134．

吴俊，卜建军，谢国刚，等．2016．区域化探数据在华南强烈风化区地质填图中的应用研究．地质力学学报，22（4）：958-969．

姚新民，倪小东，黄瑞潮．2007．试验在花岗岩类岩石风化程度划分中的应用．西部探矿工程，（9）:106-107．

于志松，卜建军，吴俊，等．2017．广东郁南县连滩镇大尖山下志留统连滩组的笔石动物群和地层对比．地质科技情报，36（3）：110-117，143．

赵善国，李景山，田春竹，等．2002．基岩风化带的划分及风化效应．黑龙江水专学报，29（2）：34-35．

Ferry J M. 1981. Petrology of graphitic sulfide-rich schists from south-central Maine: an example of desulfidation during prograde regional metamorphism. American Mineralogist, 66: 908-931.

Gupta A S, Rao S K. 2001. Weathering indices and their applicability for crystalline rocks. Bulletin of Engineering Geology and the Environment, 60（3）: 201-221.

Holdaway M J Y, Lee S M. 1977. Fe-Mg cordierite stability in high-grade pelitic rocks based on experimental, theoretical, and natural observations. Contributions to Mineralogy and Petrology, 63: 175-198.

Perchuk L L. 1966. The temperature dependence of the Ca distribution coefficient for co-existing amphiboles and plagioclases. Doklady Akademii Nauk SSSR,169:1436-1438.

Perchuk L L.1977. Thermodynamic control of metamorphic processes//Saxena S K, Bhattacharj S. Energetics of Geological Processes. Berlin: Springer: 285-352.

Plyusnina L P. 1982. Geothermometry and geobarometry of plagioclase-hornblende bearing assemblages. Contributions to Mineralogy and Petrology, 80（2）: 140-146.

Spear F S. 1981. An experimental study of hornblende stability and compositional variabilty in amphibolite. American Journal of Science, 281: 697-734.

Thompson A B. 1976. Mineral reactions in pelitic rocks; I, Prediction of P-T-X（Fe-Mg） phase relations. American Journal of Science, 276（4）: 401-424.

Topal T. 2002. Quantification of weathering depths in slightly weathered tuffs. Environmental Geology, 42: 632-641.

附录 A 风化区地质填图调查表

点号		点性			
点位					
GPS 或坐标（m）	N（横坐标 X）		E（纵坐标 Y）	H（m）	
风化程度	未风化 □	弱风化 □	中风化 □	强风化 □	全风化 □
风化层厚度（m）					
地貌类型	分水岭 □	山脊 □	缓坡 □	山脚 □	
露头情况	地表 □	断面、天然 □	开挖 □		
残积物	比例：　　%	形态：	面积：　　km²		
植被	天然 □ 人工 □	乔木为主 □	灌木为主 □	特征：	
调查方法	露头观察 □	浅钻 □	遥感 □		
描述 颜色、可见厚度、岩石碎屑、可见矿物、可见结构、风化程度等从上到下的变化情况	断面				
	平面				
周围露头简况					
推断 （原岩、界线）					
依据	已知地质体的扩延	地质（碎屑、矿物）	遥感影像	物化探资料	
	其他：				
简易判断标志					
附素描图、照片及编号					